KB243826

교실 밖으로 꺼낸 수학이 보이는 세계사

교실 밖으로 꺼낸 수학이 보이는 세계사

교실 밖으로 꺼낸 수학이 보이는 세계사

지은이 차길영
펴낸이 임상진
펴낸곳 (주)넥서스

초판 1쇄 발행 2019년 8월 5일
초판 7쇄 발행 2024년 6월 25일

출판신고 1992년 4월 3일 제311-2002-2호
주소 10880 경기도 파주시 지목로 5
전화 (02)330-5500 팩스 (02)330-5555
ISBN 979-11-90032-36-0 03410

저자와 출판사의 허락 없이 내용의 일부를
인용하거나 발췌하는 것을 금합니다.

이 책의 인세 전액은 가정 형편이 어려운 학생들에게
장학금으로 지급됩니다.

가격은 뒤표지에 있습니다.
잘못 만들어진 책은 구입처에서 바꾸어드립니다.

www.nexusbook.com

교실 밖으로 꺼낸 수학이 보이는 세계사

차길영 지음
오혜정 감수

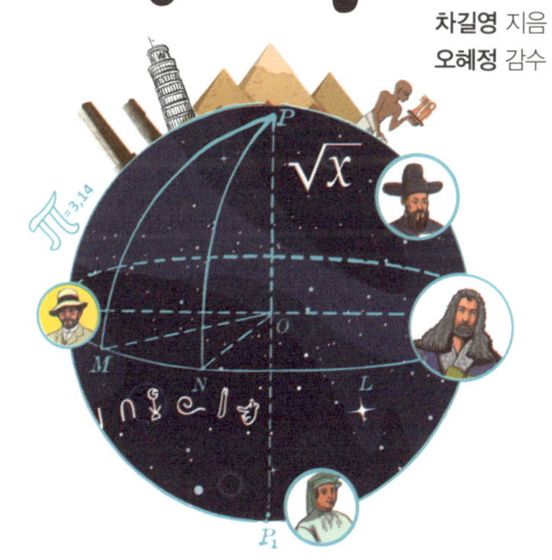

지식의숲

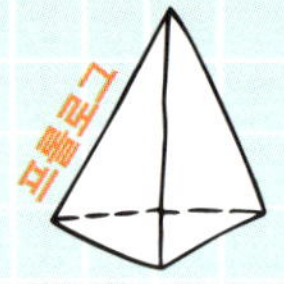

우리가 수학을 공부해야 하는 이유

"우주는 수학이라는 언어로 쓰여 있다."

천문학자이자 수학자인 갈릴레오 갈릴레이(Galileo Galilei, 1564~1642)가 한 말이다. 언젠가 이 말에 전율을 느낀 적이 있다. 살아오면서 내가 만나고 공부한 수학은, 알면 알수록 신비로워서 우주의 모든 언어라고 느낄 정도였다. 마치 '신이 만들어놓은 온 우주를 발견하는 과정'이 수학이 아닐까 싶은 생각조차 들었다.

만약 이 신비로운 발견을 해나가는 것이 수학이라면 세상의 모든 '수학 시간'은 얼마나 행복한 순간이 될까? 그러나 안타깝게도 현실은 그렇지 못하다. 우리나라에서 수학이란 정해진 시간에 주어진 문제를 최대한 많이 맞히는 과목, 수학이라는 단어만 들어도 머리가 아픈 어려운 과목이 되어버렸다. 정말 그런 걸까.

많은 사람들이 수학을 단지 대학입시 때문에 배워야 한다고 생각하는 것이 참 안타깝다. 수학은 우리가 살아온 세계의 역사 뒤에서 세상을 움직이는 큰 역할을 해왔다. 이 책에서 다룬 수많은 내용처럼 물건을 세고, 부피와 질량과 무게를 측정하며, 자연으로부터 법칙을 발견하는 일에서 수학을 이용했다.

어떤 사람은 "학교에서 수학을 배워도 사회에 나가면 써먹을 일이 없잖아요?"라고 말하기도 한다. 하지만 만약 수학이 없었다면 오늘날 우리가 편리하게 누리고 있는 모든 셈과 측정이 가능했을까? 자연과 사회현상을 분석하며, 우주의 질서를 발견하고 이해하며, 아름다운 음악과 미술을 더욱 발전시킬 수 있었을까? 나는 과감하게 "아니오"라고 대답할 수 있다. 수학은 그야말로 인류의 삶을 발전시키고 우주의 질서를 이해하는 하나의 창으로서 가장 핵심적인 역할을 해왔다고 해도 과언이 아니기 때문이다.

이렇게 중요한 수학을 사람들이 고리타분하고 어렵게 느끼는 것이 아니라 수학의 역사와 수많은 수학자들의 이야기를 통해 조금 더 친근하고 재미있게 접근할 수 있도록 하기 위해 이 책을 쓰게 되었다. 수학은 우리 주변에 어느 곳에서나 존재한다. 사람과 사람 사이에서 설득을 위해 논리를 세우는 과정에서도 수학은 기본이 되며, 물건을 선택하고 구매하는 과정에서도 수학의 알고리즘이 적용된다. 그래서 이 과정을 '말들의 계산(computing with words)'이라고 하는 것이다.

심지어 톨스토이는 자신의 유작에서 "현명한 사람들은 철학, 과학, 수학 세 가지 사고방식으로 생각한다"고 말했다. 이 세 가지 학문이 결코 서로 분리되어 있지 않으며, 우리가 '천재'라고 부르는 수많은 학자들이 철학, 과학, 수학을 연마해 창의력, 논리력, 상상력을 두루 갖추었음을 알 수 있다. 실제로 우리는 수학을 통해 사고력, 문제 해결력을 키울 수 있기에 모든 교과 과정에서 수학을 배우는 셈이다.

이 책을 통해 수학의 역사를 이해하고, 인류를 발전시킨 수학자들을 살펴보면서 수학에 대한 새로운 시각을 가져보는 건 어떨까. 역사를 보면 우리는 살아남기 위해 수학을 배우고 발전시켜 왔다.

이제는 수학이 없으면 혁신이 불가능하고, 혁신하지 않으면 인공지능 시대에 초빈곤층으로 떨어질 수 있다고까지 회자되는 시대가 되었다. 우리가 수학을 공부해야 하는 이유가 여기에 있다.

이 책을 통해 조금이나마 수학에 대한 선입견을 버리고 흥미를 가져보길 바란다. 전 세계적으로 인기를 얻고 있는 방탄소년단의 노랫말에는 '수'와 관련된 것이 자주 등장한다. 이것은 자신들의 세계를 표현하기 위한 암호이자 철학의 언어라고 이야기하는 사람도 있다. 우주 만물을 수로 표현하려 노력했던 피타고라스처럼, 또 수와 관련된 노랫말을 통해 세상을 노래하는 방탄소년단처럼 우리 삶에서 결코 동떨어져 있지 않은 수학과 조금 더 친해지면 어떨까.

차길영

1강

역사를 알다

인류사의 한 획을 그은 수의 발명부터 세계 역사 속에서

수학이 어떻게 발전하고 현대에 적용되는지 알 수 있다.

01

인류의 수 세기

살아남은 것은 아라비아숫자

"하나, 둘, 셋, 넷, 다섯….."

"1, 2, 3, 4, 5….."

아주 먼 옛날, 사람들은 수를 어떻게 세고 어떻게 적었을까? 원시시대로 거슬러 올라가 보자. 그 시대에는 수를 세어야 할 일이 그리 많지 않았겠지만, 사냥을 하고 나무 열매를 따기 시작하면서 수를 세는 방법이 필요해졌을 것이다. 그러나 대부분 하나, 둘, 셋 정도 세면 그보다 큰 수는 단순히 '많다'라고 표현했다. 그러다가 조금씩 경제활동을 하면서 물물교환이 이루어지자 그때부터 사람들은 더 큰 숫자의 필요성을 느꼈다. 숫자를 기록하기 시작한 것도 바로 그때였다.

인류는 안전한 삶을 위해 여럿이 모여 살기 시작했고, 점차 도구를 이용하고 불을 사용하기 시작하면서 비약적으로 발전했다. 가족들이 모여 부족을 이루고, 부족들이 모여 국가를 만들었다. 당시에는 자원도 풍부했기 때문에 좋은 기후와 환경 속에서 풍족한 자원을 자신의 것으로 만들어 저장할 수 있었다. 그래서 초기 인류는 물건을 셀 때 조약돌이나 조개껍데기, 코코넛 열매 등과 물건을 하나씩 짝짓는 방법으로 셈을 했다. 그러면서 때로는 서로 물물교환을 하면서 거래가 이루어지자 그 거래를 기록하기도 했다.

예를 들어, 한 사람이 새를 여러 마리 잡았다고 해 보자. 새 한 마리를 옮기면서 작대기를 하나 긋고, 또 한 마리를 옮기면서 작대기를 하나 긋고…. 땅바닥에 하나씩 줄을 긋거나, 나뭇가지나 돌멩이를 하나씩 이동하는 등 주변에서 쉽게 구할 수 있는 것을 이용해 양을 나타내는 기호로 사용했다. 그러다가 수를 더 정확하게 잘 세기 위해 나무나 동물 뼈, 휴대하기 편한 물건에 새기기 시작하면서 숫자가 발명되었다.

　인류 최초의 숫자는 바빌로니아 숫자다. 바빌로니아는 메소포타미아에서 발생한 고대 문명으로서 티그리스강과 유프라테스강 사이에 위치한 현재의 이라크 남부 지방을 가리킨다. 당시 이곳의 문명이 점차 발달함에 따라 사람들은 더 많은 수를 사용해야 할 필요

성을 강하게 느꼈다. 또 수를 사용할 때마다 단순히 하나하나 기억하기도 점점 어려워졌다. 그래서 어딘가에 기록해 두어야 했는데, 그 시절에는 종이나 연필이 없었기 때문에 부드러운 점토로 판을 만들어 그 위에 자신들이 알 만한 기호를 사용해 수를 새겨 놓기 시작했다.

그리스 숫자와 한자 숫자

인류는 아주 오래전부터 수를 기록하기 시작했는데요. 처음에는 우선 필요한 개수만큼 특정 모양을 계속 표시하다가, 그 이상의 수가 되면 다른 모양으로 표시하는 방법을 사용했어요. 이러한 방법들은 바빌로니아, 이집트, 그리스, 로마, 마야 등에서 사용되었는데, 각 나라마다 언어가 다르듯 수를 나타내는 기호도 모두 다 달랐답니다. 그런데 점차 경제활동이 복잡해지면서 문제가 드러났어요. 그런 식으로 만들어진 수는 셈을 하는 데 있어 매우 불편했기 때문이죠.

예를 들어, 지금의 숫자 표기법으로 '672 × 304'라는 곱셈을 살펴봅시다. 이것을 고대 그리스 숫자와 한자 숫자로 나타내 볼게요.

672 × 304

위와 같은 표기 방법으로는 도대체 어떻게 계산을 시작해야 할지 엄두가 나지 않죠? 일단 계산하기가 어려운 가장 큰 이유는 자릿수가 맞지 않다는 거예요. 어디서부터 계산을 해야 할지 모르니 답이 나올 수 없죠. 그래서 이런 방식의 숫자 기호는 점점 사용하지 않게 되었답니다.

가장 오래된 수는 이라크 니푸르(Nippur)에서 발견된 점토판에서 나왔다. 고대 메소포타미아인들이 진흙으로 만든 판자 위에 쐐기 모양의 기호를 새겨 놓았다. 수학적 내용이 담긴 이 점토판은 기원전 2100년에서 2000년 사이에 만들어진 것으로 추정된다. 이 점토판에 적혀 있는 내용은 다음과 같다.

염소 한 마리

그 젖은 새끼 돼지 사육에 사용됨

아바-사가에게서

루-딘기라에게 양도됨

인장: 에아-바니

아키티 달에,

연도: "(아마르 수엔이) 옥좌를 지었다(엔릴을 위해)"

즉, 염소의 거래와 관련된 내용을 적어둔 일종의 회계장부였다. 한 마리의 염소가 '아바-사가'에게서 '루-딘기라'에게로 양도되었고, 이 거래 내용을 작성한 사람은 '에아-바니'라는 것이다. 아래 두 줄은 염소가 양도된 날짜를 의미한다.

이 같은 점토판은 19세기 중반까지 메소포타미아 지역에서 약 50만 개가 발굴되었다. 그중 약 300개가 수학에 관한 점토판으로 판명되었는데, 수학에 관한 표와 문제가 적혀 있었다. 오늘날 고대 바빌로니아의 수학에 대한 지식이 바로 이 점토판들을 학문적으로 판독해서 얻은 결과물인 것이다.

아라비아숫자는 누가 발명했을까?

오늘날 우리가 사용하고 있는 숫자 1, 2, 3, 4, 5, 6, 7, 8, 9와 0이란 기호는 1500년 전에 인도에서 발명되었다. 1에서 9까지의 숫자와 기호에 불과했던 0이라는 숫자를 사용함으로써 어떤 숫자도 매우 간단하게 만들 수 있음은 물론이고 연산도 쉽게 할 수 있었다. 아무리 생각해 봐도 획기적인 발명이 아닐 수 없다. 나아가 1에서 9까지 아홉 개의 숫자와 0을 써서 각 자리에서 10이 될 때마다 그 윗자리로 1씩 올리는 것을 생각해낸 일은 인류 역사상 혁신적인 발명임이 틀림없다. 이 숫자 덕분에 인도 사람들은 덧셈, 뺄셈, 곱셈, 나눗셈은 물론, 이자를 계산하거나 제곱근, 세제곱근을 구하는 등 복잡한 셈까지도 거뜬히 할 수 있었다. 인도 사람들이 이집트나 그리스, 로마 사람들이 수천 년이라는 긴 세월 동안에도 미처 할 수 없었던 고도의 산수, 대수 계산에 익숙해진 것은 오직 이 숫자의 발명 때문일 것이다.

인도에서 발명된 숫자는 곧 아라비아로 전해졌다. 인도의 서쪽에 위치한 아라비아는 오래전부터 상업이 아주 발달한 나라였다.

그렇기 때문에 세계 각지의 많은 상인이 왕래하는 곳이기도 했다. 아라비아 상인들은 지역적으로 가까운 인도에 자주 드나들었는데, 이때 인도 사람들이 사용하는 숫자를 보고 매우 편리하다는 것을 느꼈다. 그래서 자기 나라에 돌아가서도 인도 숫자를 사용하게 된 것이었다. 그 후 아랍인을 통해 이탈리아, 프랑스, 스페인 등 유럽에도 알려지게 되면서 세계 각지로 인도 숫자가 보급되었다. 이때부터 셈이나 수의 기록이 매우 편리해진 것이다. 그런데 유럽 사람들은 이 숫자를 '아라비아에서 건너온 숫자'라는 뜻으로 '아라비아 숫자'라고 불렀다. 당시 정확한 사실을 알았다면, 현재 전 세계에서 통용되는 이 숫자를 '인도 숫자'라고 부르고 있을지도 모른다. 어쨌든 0~9까지의 숫자는 그 간결함과 효율성뿐만 아니라 숫자와 문자의 분리를 의미한다는 점에서도 매우 혁명적이라 할 수 있겠다.

각 나라별 숫자 표기법은?

이집트를 배경으로 한 영화들을 보면 유독 눈에 띄는 것이 있다. 바로 벽에 새겨진 여러 문자다. 그림도, 글자도 아닌 것 같은 아리송한 문자들이 수없이 적혀 있는 것을 보게 되는데, 어떤 심오한 이야기가 숨겨진 것도 같다. 후일 학자들이 이 문자들을 분석하여 해석하니, 이 중에는 다수의 '수'를 의미하는 문자들이 포함되어 있었다고 한다. 바로 이집트의 숫자 표기법으로 나타낸 기호들이다.

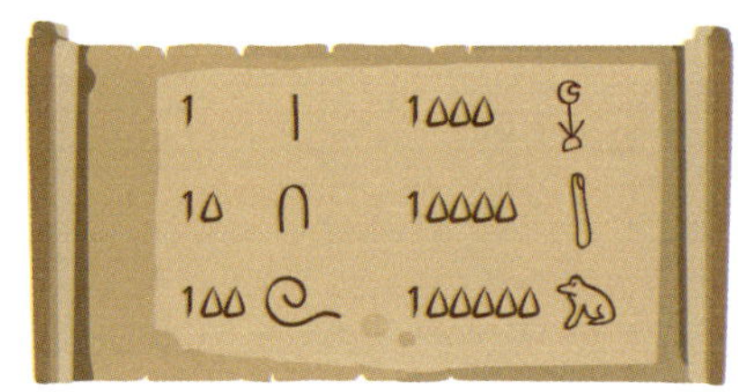

이처럼 오래전에는 많은 나라가 각각 다른 방식으로 숫자를 표기했다. 지금은 세계 어디에 가도 물건을 계산할 때, 날짜 표기를 할 때, 신체 사이즈를 잴 때 등 아라비아숫자를 사용하지만 과거에는 나라마다 다른 방식이 있었다고 한다. 앞의 이집트 문자처럼 그림 형식이기도 하고, 지금도 종종 영화 시리즈나 책의 권수를 표기할 때 사용하는 로마숫자처럼 특정 알파벳의 나열을 이용한 형식을 쓰기도 했다.

1 = I	8 = VIII	15 = XV	100 = C
2 = II	9 = IX	16 = XVI	500 = D
3 = III	10 = X	17 = XVII	1,000 = M
4 = IV	11 = XI	18 = XVIII	
5 = V	12 = XII	19 = XIX	
6 = VI	13 = XIII	20 = XX	
7 = VII	14 = XIV	50 = L	

초등학교 때쯤이면 모두 배우게 되는 1~10까지의 한자. 이것

또한 중국에서 사용했던 숫자 표기법이었다고 한다. 그리고 십, 백, 천의 단위 또한 한자로 표기해서 '85'이면 '八十五'라고 쓰고, '900'이면 '九百'으로 표기했다.

1 = 一	7 = 七
2 = 二	8 = 八
3 = 三	9 = 九
4 = 四	10 = 十
5 = 五	100 = 百
6 = 六	1,000 = 千

앞에서 보여준 표기법을 이용하여 1208을 정확하게 써보면 어떻게 될까?

① 이집트 　
② 로마 　　MCCVIII
③ 중국 　　千二百八

이렇게 쓰고 보니 어쩐지 아라비아숫자가 너무 쉽게 느껴진다. 아라비아숫자는 위의 표기법과 어떤 점에서 가장 큰 차이가 있을까?

아라비아숫자는 '위치적 기수법'을 이용하는데, 이는 숫자의 위치에 따라 자릿값이 정해진다는 뜻이다. 우리가 보통 엄청나게 긴 수를 보면 끝에서부터 "일십백천만십만백만천만…" 하고 수를 세게 되는데, 이것이 바로 자릿수를 통해 숫자를 표기하고 읽기 때문이다. 그리고 '1208'처럼 천이백팔을 표기해야 하는데 '128'이라고 하면 백이십팔이 되어버리기 때문에 숫자 '0'을 해당 자리에 채워 자릿값을 만들어 주었다.

아라비아숫자가 이렇게 편리하지만 수백 년 동안 로마숫자와 아라비아숫자는 대립을 계속했다. 로마숫자는 계산이 어렵다는 문제가 있었고, 아라비아숫자는 사회적으로 계산가들의 생계 문제나 위조가 쉽다는 이유 같은 이런저런 주장들로 서로 대립하였지만 결국에는 아라비아숫자가 승리하게 된다. 그래서 우리도 아라비아숫자를 자릿수에 근거해 사용하고 있다는 사실이다. 만약 로마숫자를 쓰도록 결정이 났다면 지금쯤 수학 시간은 조금 더 혼란스럽지 않았을까? 어쩐지 참 다행이다.

인류의 문명을 바꾼 숫자 0

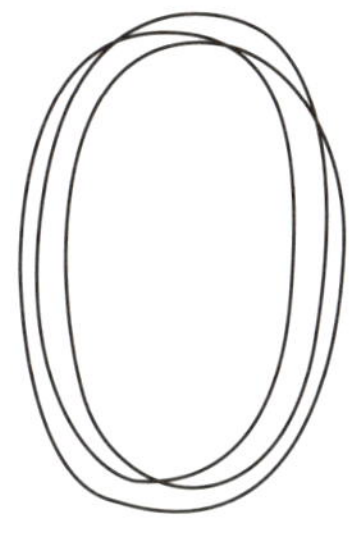

인간은 수를 표시하기 시작하면서 문명을 이룩했어요. 이 과정에서 존재하지 않는 숫자 '0'의 등장은 불의 사용이나 농경의 발달, 첨단 기술의 눈부신 발전에 못지않은 혁명적 사건이라 할 수 있답니다. 왜냐고요? 만약 숫자가 1에서 9까지만 있었다면 어땠을까요? 0이 없이 큰 수를 나타내려면 다른 복잡한 방법이 필요할 겁니다.

인도인은 편리한 숫자만 발명하는 것에 그치지 않고 '수의 자리'라는 것을 만들었어요. 자릿수에 맞게 수의 값을 정하는 방법을 생각해 낸 거죠. 그러다 보니 계산을 쉽게 하기 위해 '빈자리'를 뜻하는 '0'을 발명하게 되었답니다. 이런 방법을 '위치적 기수법'이라 부르는데, 숫자 0 덕분에 수가 커질 때마다 다른 기호를 만들어내지 않아도 그저 0으로 계속 자릿수를 늘릴 수 있게 되었답니다. 당시에는 정말 혁신적인 일이 아닐 수 없었어요.

원래 '0'은 '아무것도 없다'라는 뜻을 나타내는 기호 자체로 바빌로니아인, 마야인, 그리스인 등이 사용해 오던 것이었어요. 그런데 이것을 인도인은 수로 사용한 거죠. 한편으로는, 고정된 개념에서 벗어나 창의적인 발상이었다는 생각도 듭니다. 실제로 많은 수학자들은 인류가 '0'을 발명하면서 급속하게 발전할 수 있었다고 평가합니다. 그렇다면 '아무것도 없다'라는 뜻의 '0'이 가지는 의미와 역할은 사실 그와 정반대로 무궁무진한 '무한대'가 아닐까요? 그러고 보니 0 두 개를 나란히 붙이니 무한대(∞)와 좀 비슷한 것도 같네요.

02

주사위 놀이
주사위는 던져졌다

주사위는 뼈나 단단한 나무 또는 옥돌 따위로 만든 조그만 정육면체의 각 면에 1에서 6까지의 숫자나 점을 새긴 것을 말한다. 놀이 도구의 하나로 주사위를 땅이나 자리 위에 던져 윗면에 나타난 수로 승패를 가르거나, 랜덤성의 확률을 구할 때 사용하기도 한다. 주로 정육면체이지만 다양한 모양이 존재하며 숫자 없이 기호로만 이루어진 특이한 형태도 있다. 공통적으로는 '어느 면이든 나올 확률이 동등할 것'을 전제로 한다.

잠깐 정육면체 모양의 주사위를 살펴보자. 각 면에 1~6까지 표시되어 있으며, 한 면의 가로와 세로 길이는 보통 1cm 정도이지만 여러 가지 크기가 있다. 1과 마주 보는 면은 6, 2와 마주 보는 면은

5, 3과 마주 보는 면은 4이다. 서로 마주 보는 면의 수의 합은 반드시 7이 된다.

　주사위는 언제부터 사용되었을까? 역사 속에서 주사위가 언제 등장했는지는 정확하게 알 수 없다. 하지만 고대 이집트에서 이미 기원전 10세기 이전에 동물의 뼈로 만든 주사위 형태가 있었다는 것을 미뤄볼 때 그 역사가 매우 오래되었음을 알 수 있다. 그렇다면 주사위 놀이야말로 오늘날 게임의 원조라 할 만하지 않을까?

"주사위는 던져졌다!"

　'루비콘강을 건너다.' 돌아올 수 없는 강을 건넜다는 이 말은, 끝까지 밀고 나갈 수밖에 없는 상황이나 상태를 뜻한다. 이 말의 역사적 배경을 잠시 들여다보자.

당시 로마는 원로원을 중심으로 공화정을 이끌어가는 체제였다.
갈리아 지방의 총독 카이사르는 기원전 58년부터 그 지역에서 벌
어진 수많은 전쟁에 참여하여 승리로 이끌었다. 자연히 카이사르
의 정치적 영향력은 매우 커졌고, 당시 나라를 이끌던 최고 권력기
관인 원로원에서는 그런 카이사르를 두려워했다. 그래서 원로원은
카이사르에게 즉시 군대를 해산하고 갈리아 총독에서 물러나 단
신으로 로마로 돌아올 것을 명령했다. 카이사르에게 무장해제하고
죽으러 오라는 말이나 다름없었다. 카이사르는 협상이 불가하다는
사실을 깨닫고 갈리아에서 단련된 자신의 정예부대를 이끌고 로마
로 진격했다. 기원전 49년 1월, 갈리아에서 로마로 들어가는 루비
콘강을 건너며 카이사르는 불안해 하는 병사들 앞에서 유명한 연
설을 하게 된다.

“앞으로 나아가면 영광이 기다리지만 뒤로 물러서면 죽음이 기다릴 뿐이다. 주사위는 던져졌다(alea iacta est)!”

이 말과 함께 사기를 충천한 카이사르의 군대는 재빨리 움직였다. 이 사실을 전달받은 원로원과 폼페이우스는 크게 당황하는 바람에 로마를 비운 채 그리스로 도망가 버린다. 사실 그들은 카이사르가 이끄는 군대보다 몇 배나 많은 대군을 가졌는데도 다급해진 상황에서 오판을 하게 된 것이었다. 그렇게 그들은 그리스에서 카이사르에게 맞서다 패하고 만다. 폼페이우스는 이집트로 건너가 훗날을 도모하지만 결국엔 암살을 당했다. 한편 폼페이우스를 쫓아 이집트로 건너간 카이사르는 그곳에서 운명의 여인을 만나게 된다. 그 여인이 바로 클레오파트라 7세다. 이때 카이사르는 50대 초반, 클레오파트라 7세는 20대 초반의 나이였다. 클레오파트라는 카이사르의 마음을 사로잡아 서로 사랑을 나누게 되고, 그 결실로 둘 사이에서 카이사리온이 태어났다. 클레오파트라는 아들 카이사리온이 카이사르의 뒤를 이어 로마와 이집트를 다스리는 왕이 되기를 바랐다. 하지만 그런 그녀의 꿈은 카이사르가 암살을 당하면서 물거품이 되고 말았다.

카이사르처럼 역사상 등장한 강력한 통치자를 흔히 영어로는 시저(Caesar), 독일에서는 카이저(Kaiser), 러시아에서는 차르(Czar)라고 부른다. 이 단어들은 사실 카이사르라는 이름이 각 나라마다 다르게 발음된 것으로 절대적인 힘을 가진 황제를 뜻한다. 이처럼 카이사르가 사후에도 사람들에게 큰 영향을 미칠 수 있었던 극적인 계기는 앞서 말한 루비콘강을 건넜던 사건 때문일 것이다. 그때 병사들을 향한 카이사르의 연설, 즉 많은 사람에게 회자되고 있는 그 명언 속에도 이 '주사위'가 나온다. '주사위가 던져졌다'는 말은 운명이 결정되었다는 것을 의미한다. 주사위를 던져 나온 수에 따라 모든 것이 결정되므로 한 번 던진 주사위는 도로 물릴 수 없는 결행이다.

카이사르는 루비콘강을 건너게 되면 당시 로마의 국법을 어기는 것이며 이것은 다시 돌아올 수 없는 내전으로 이어진다는 것을 강조했다. 다시 말해 이 결단은 이미 돌이킬 수 없다는 의미였다. 카이사르의 이 말은 오늘날 '돌이킬 수 없는 전환점', '다시 돌아올 수 없는 길'을 의미할 때 많이 사용되고 있다. 카이사르는 자신이 좋아하는 그리스 희극작가 메난드로스(Menandros)의 작품에서 이 구절을 인용했다고 한다. 이처럼 아주 먼 옛날에 비유의 의미로 사용된 주사위. 그렇다면 우리나라는 언제부터 주사위를 사용했을까?

게임의 원조, 주사위의 등장

밀도가 균질하도록 정확하게 만들어진 주사위는 6개의 면이 고루 나오는 것을 전제로 한다. 즉 주사위를 던졌을 때 각 면이 나올 확률은 6분의 1이 되어야 제대로 만들어진 것이다. 다시 말해 주사위를 여러 차례 던졌을 때 어느 면이 나오는가 하는 것은 전적으로 우연이지만, 되풀이해서 던지면 거기에는 어떤 규칙성이 나타난다는 것을 알 수 있다.

중국에서는 사이쯔, 유럽에서는 다이스라 부르는 이 주사위는 다양한 게임으로 만들어져 여럿이 함께 즐기는 놀이로 보급되었다. 17세기경부터 유럽에서는 매우 복잡한 다이스 게임이 보급되었고, 이어 미국을 비롯해 세계 각국으로 퍼졌다. 인도에서도 인더스 문명기의 것으로 추정되는 주사위가 발견되었는데, 특이한 점은 1의 마주 보는 면이 2, 3의 마주 보는 면이 4, 5의 마주 보는 면이 6으로 되어 있었다. 중국에서는 일찍이 육각기둥 모양의 나뭇조각으로 각 면에 문자를 새겨, 주사위처럼 이것을 굴려 하늘의 뜻을 점쳤다고 한다. 또 수나라, 당나라 때는 지금의 형태와 같은 주사위를 사용한 '쌍륙(雙六)'이라는 놀이가 있었다. 현종이 양귀비와 함께 이 주사위로 쌍륙을 즐겼다는 기록도 남아 있다.

우리나라에서는 고려시대 때부터 이와 비슷한 놀이가 있었다고는 하지만, 놀이 방식에 대해서는 기록된 자료가 없다. 그 뒤 조선시대 초기에는 주로 여성들이 주사위를 던져 숫자를 맞추는 등의 놀이를 했다고 전해진다. 그리고 조선 중종 때 형조판서를 지냈던 조계상(曺繼商)과 승지를 지낸 이세정(李世貞)이 서로 친해지면서 자주 만났는데, 둘이서 가끔 쌍륙을 즐겼다고 한다. 한 번 시작하면 서로 술잔을 나누며 밤늦도록 놀았다는 기록이 있다.

우리나라 유적지에서도 다양한 주사위가 출토되었다. 신라 왕경 유적에서는 상아로 만든 정육면체 주사위가 발견되었고, 경주 안압지에서 출토된 통일신라시대의 유물인 '목제주령구(木製酒令具)'는 14면체 주사위로 궁중 놀이에 활용된 것으로 추측되고 있다.

가장 오래된 주사위

가장 오래된 주사위는 기원전 3000년경, 이란의 청동기 군락지에서 발견되었습니다. 당시 발견된 주사위는 지금처럼 정육면체가 아니라 삼각뿔 모양의 정사면체였어요! 거슬러 올라가 봅시다. 기원전 10세기경 고대 이집트에서는 동물의 뼈로 주사위를 만들었습니다. 그런데 주사위를 굴리는 횟수가 늘어날수록 주사위의 특정 면이 많이 나오는 것을 발견했어요. 그래서 조금 더 공정한 확률을 위해 자꾸 다듬다 보니 주사위의 형태가 점점 정사면체에 가까워졌다고 해요. 지금은 주사위 하면 정육면체가 표준이지만, 고대에는 다양한 모양의 주사위가 만들어지곤 했답니다. 어쨌든 공정한 주사위가 되기 위해선 정다면체를 유지하는 것이 관건이었겠죠?

신라의 풍류가 담겨 있는 목제주령구

1975년, 경주의 옛 궁터에 남아 있는 연못인 안압지를 발굴하다가 연못 바닥에서 참나무로 만든 주사위가 발견된다. 8세기경, 통일신라시대에 제작된 것으로 추정된 이 주사위는 흔히 보는 정육면체가 아닌 14면체의 형태였다. 사실 정육면체가 아닌 주사위는 다른 나라에서도 제작된 바가 있는데 주로 역할 놀이를 위한 경우가 많았다. 이 안압지에서 발견된 주사위에도 각 면에 숫자가 아닌 문구가 새겨져 있었다. 그래서 일종의 놀이를 위해 만든 것이 아니었는지 추정해 볼 수 있었다. 이 주사위가 바로 목제주령구다.

목제주령구는 나무로 만들어 술 먹을 때 가지고 노는 주사위라 해서 목제(木製), 주(酒), 령구(令具)라 이름이 붙여졌다. 6개의 정사각형 면과 8개의 육각형 면으로 이루어져 있다. 정다면체는 아니지만 정사각형 면과 육각형 면의 넓이가 거의 같기 때문에 주사위로 사용하기에 적합하다.

모든 면이 같은 정다각형으로는 14면체가 만들어지지 않기 때문에 이 주사위는 정사각형 6개, 육각형 8개로 되어 있고, 육각형은 삼각형의 모서리를 조금씩 깎은 모양인 것을 확인할 수 있다. 그래서 어떤 특정 면이 나올 확률이 정확히 14분의 1이 될지는 확신할 수 없다. 수백 번 이상 던져 통계를 내보든가, 아니면 수백 개의 주령구를 만들어 던진 후에 각 면이 나온 수를 헤아려 보아야 가능할 것이다. 그런데 1987년에 실제로 한 대학교에서 복제품을 만들어 실험을 진행했다. 7,000번을 던진 결과, 각 면이 평균 500번 가깝게 나왔다고 하니 정말 잘 만들어진 기구라 할 만하다.

재밌는 점은 이 주사위가 술 게임 전용이라 각 면에 숫자 대신에 다양한 벌칙이 적혀 있다는 것이다. '술 석 잔을 한 번에 마시기', '노래 없이 춤추기', '얼굴을 간질여도 꼼짝 않기' 등 재미있는 내용이 많이 있다. 예나 지금이나 즐기기 좋아하는 우리 조상들의 풍류와 여유를 가득 느낄 수 있다.

목제주령구엔 어떤 벌칙이?

- 금성작무(禁聲作舞): 노래 없이 춤추기
- 중인타비(衆人打鼻): 여러 사람 코 때리기
- 음진대소(飮盡大笑): 술잔 한 번에 다 비우고 크게 웃기
- 삼잔일거(三盞一去): 술 석 잔을 한 번에 마시기
- 유범공과(有犯空過): 괴롭혀도 가만히 있기
- 자창자음(自唱自飮): 스스로 노래 부르고 마시기
- 곡비즉진(曲臂則盡): 팔을 뒤로 구부리고 술 마시기
- 농면공과(弄面孔過): 얼굴을 간질여도 꼼짝 않기
- 임의청가(任意請歌): 누구에게나 마음대로 노래 청하기
- 월경일곡(月鏡一曲): 월경 노래 한 곡 부르기
- 공영시과(空詠詩過): 시 한 수 읊기
- 양잔즉방(兩盞則放): 두 잔이 있으면 즉시 비우기
- 추물막방(醜物莫放): 더러운 물건을 버리지 않기
- 자창괴래만(自唱怪來晩): 스스로 괴래만(도깨비)을 부르기

신은 주사위 놀이를 하지 않는다

2016년, 재미있는 제목의 책이 나왔죠. 옥스퍼드 대학교를 졸업하고, 세계적인 명문 공립 대학인 런던 임페리얼 칼리지(Imperial College London)의 수학과 명예교수 겸 선임 연구원을 맡고 있는 데이비드 핸드가 쓴《신은 주사위 놀이를 하지 않는다》라는 책이에요. 이 책은 '우연히 일어나는 일들에도 법칙이 있을까?' 라는 의문에 '그렇다' 라고 답하며, 세계적인 통계학자로서 이 우연의 법칙들에 대해 다섯 가지로 나누어 설명하고 있어요. 원서의 제목은《우연의 법칙(The Improbability Principle)》이라고 하네요.

로또의 확률은 약 815만 분의 1. 방울뱀이 번개에 맞을 확률만큼이나 희박한 이 상황이 절대 일어나지 않을 거라 생각하는 것이 바로 보렐의 법칙(Single Law of Chance- Emile Borel)입니다. 그런데도 매주 당첨자가 나오는 것을 '필연성의 법칙(law of inevitability)' 이라고 하고요. 이는 곧 많은 사람이 시도하면 아무리 드문 일도 일어난다는 '아주 큰 수의 법칙/충분함의 법칙' 이 가져다준 결과일 테고요. 그래서 사람들은 오늘도 희망을 걸고 복권을 사게 되죠. 이걸 바로 '선택의 법칙' 이라 한답니다.

책에서는 이런 법칙을 재미있게 다루고 있어요. 많은 사람들이 수학 공식, 과학 원리에 근거한 질서에 의해서가 아니라 복잡한 삶 속에서 '우연' 을 기대하고 '도박' 을 감행하며 살아갑니다. 그래서 신은 주사위 놀이를 하지 않을지 몰라도 사람은 주사위 놀이를 한다고 하기도 하죠. 하지만, 문득 성경의 잠언에 나오는 이 말이 떠오르네요. '제비는 사람이 뽑지만 결정은 주께서 하신다.' 우연보다는 노력과 열정에 미래를 걸어 보는 건 어떨까요?

03

함무라비 법전

눈에는 눈, 이에는 이

　'이열치열(以熱治熱)'이라는 말을 들어봤을 것이다. '힘은 힘으로 이긴다!'는 의미를 담은 뜻인데 한창 더운 여름, 더위는 열로 이겨 낸다는 뜻으로 사용하기도 한다. 이와 비슷한 의미를 가진 말이 바로 '눈에는 눈, 이에는 이'다. 우리가 일상 속에서 자주 사용하는 말이지만, 이 말이 어디서부터 유래됐는지를 아는 사람은 아마 거의 없을 것이다. '눈에는 눈, 이에는 이'라는 말은 바빌로니아 왕국의 일상생활에서 지켜야 할 법률을 적은 함무라비 법전에 기록된 내용 중 하나다. 실제로 함무라비 법전의 196조와 200조에는 '사람이 높은 사람의 눈을 멀게 하면 자기 눈을 멀게 할지라.', '사람이 자기 계급 사람의 이를 부러뜨리면 자기 이를 부러뜨릴지라.'라는

내용이 적혀 있는데, 상응 복수주의를 의미하는 이 말은 히브리 성
경의 법에도 나온다고 한다.

석판에 적힌 법전

　1901년, 페르시아만의 북쪽. 프랑스의 한 탐험대는 사람 키보다
조금 더 큰 크기의 돌기둥을 발견했다. 그 탐험대가 고대 유적지인
수사에서 발견한 높이 2.25m, 둘레 1.8m의 검은 현무암 돌기둥이
바로 함무라비 법전이었다. 발견 당시 돌기둥은 세 개로 토막 난 상
태였지만 이 토막들을 맞추어 보니 하나의 기둥이 되었다.
　이렇게 완성된 함무라비 법전은 머리말을 시작으로 282개의 법

조항이 적혀 있는 본문과 맺음말로 이루어져 있었다. 돌기둥에는 함무라비 왕이 태양신으로부터 법전을 받는 모습이 새겨져 있었다. 그런데 그 법전을 가만히 보면 이런 문구가 쓰여 있다.

"나라 전체가 정의로 뻗어 나가게 하기 위해,

악행을 파멸시키기 위해,

강자가 약자를 학대하지 못하도록 하기 위해"

함무라비 왕이 신으로부터 법전을 받는다는 것. 그리고 왕의 상징인 고리와 지팡이를 받는다는 것을 볼 때 이 시대가 신권 정치였다는 것을 알 수 있다. 이외에도 법전을 통해 당시 역사의 수많은 부분을 짐작해 볼 수 있는데, 현재 이 돌기둥은 프랑스의 루브르 박물관에 전시되어 있다.

함무라비 법전의 무서운 뒷 이야기

함무라비 법전의 결문에는 '함부로 이 법전의 내용을 고치거나 함무라비의 이름을 지우면 신으로부터 벌을 받을 것이다'라는 내용이 있었다고 해요. 훗날 바빌로니아를 침략한 엘람의 국왕은 이 함무라비 법전을 자국으로 가져갔는데요. 법전 하단의 일부를 지우고 본인의 업적을 넣으려 한 거예요! 그러나 놀랍게도 그가 자신의 전공을 새기기 전에 엘람 왕국은 멸망해 버렸죠. 섬뜩하면서도 신비로운 이야기죠? 다행히도 엘람의 왕이 지운 십여 개의 조문은 다른 문헌 자료들 덕분에 원형에 가깝게 복원할 수 있었습니다.

함무라비 법전은 왜, 어떻게 만들어졌을까?

　　BC 400년대 말 수메르인들은 인류의 4대 문명 발생지 중 하나인 티그리스강과 유프라테스강 사이 메소포타미아 남동쪽에 상당히 수준 높은 도시를 건설했다. 이 도시가 자리를 잡은 곳이 바로 바빌로니아였다. 이후 BC 1830년경, 바빌로니아에 정착한 아모리인들은 바빌론을 수도로 삼은 바빌로니아 왕국을 건설한다. 그리고 이 왕국이 가장 전성기를 맞았던 시대가 바로 제6대 왕인 함무라비 왕이 국왕이던 때다.

　　수많은 나라를 정복하여 메소포타미아 지역을 손에 넣게 된 함무라비 왕은 '바빌로니아 왕국은 이제 중앙집권제로 갈 것이다!'라고 선포하고, 수도 바빌론에 높은 성벽을 세우고 새롭게 신전을 세운다. 뿐만 아니라 운하를 파고 도로를 정비하는 등 무역을 활성화해 국력을 드높였다. 강력한 국력을 바탕으로 바빌로니아의 수도인 바빌론은 동양의 중심 도시가 된다. '이 왕국이 오래도록 유지되게 하려면 제대로 된 기준이 필요하다!' 그리하여 함무라비 왕은 자신의 왕권을 보존하고 나라를 바로 세우기 위해 전체 3,500줄의 방대한 내용으로 이루어진 법전을 만들게 된다. 법전의 내용 중 일부를 살펴보면 다음과 같다.

함무라비 법전

- **제1조** 사람이 살인죄로 그를 신고했으나 그것을 입증하지 못하면, 신고한 사람을 죽인다.

- **제6조** 신전이나 왕궁의 재산을 훔친 자는 누구든 사형에 처하며, 그가 훔친 재산을 받은 자 또한 사형에 처한다.

- **제8조** 사람이 가축이나 선박을 훔쳤는데 그것이 신전이나 왕궁의 것이면 30배를, 평민의 것이면 10배를 물어야 한다. 훔친 자가 그렇게 할 능력이 없으면 그를 죽인다.

- **제25조** 사람의 집에 불이 났을 때 불을 끄러 온 사람이 집주인의 물건을 훔치면, 그를 그 불 속에 던져 넣는다.

- **제64조** 사람이 자기의 과수원을 이웃에게 주어 경영하게 하였으면, 그 이웃은 그 과수원을 경영하는 동안 그 과수원 수확의 $\frac{2}{3}$ 를 주인에게 주고, 자기는 $\frac{1}{3}$ 을 차지하여야 한다.

- **제88조** 상인이 곡물을 빌려줄 때 곡물 1구르(GUR)에 대해 100실라(SILA)의 이자를 받는다. 은을 빌려주면 은 1세켈에 대해 $\frac{1}{6}$ 셰켈 6그레인의 이자를 받는다.

- **제90조** 상인이 이를 지키지 않고 1구르에 대하여 100실라의 이자, 혹은 은 1세켈에 대하여 $\frac{1}{6}$ 셰켈 6그레인 이상의 이자보다 더 받으면, 빌려준 곡식이나 은을 잃는다.

- **제195조** 아들이 자기의 아버지를 때렸으면, 그의 손을 자른다.

- **제196조** 평민이 귀족의 눈을 쳐서 빠지게 하였으면, 그의 눈을 뺀다.

- **제202조** 사람이 자기보다 상급인 사람의 뺨을 때렸으면, 소가죽 채찍으로 60번 맞는다.

- **제205조** 노예가 귀족의 뺨을 때렸으면, 그의 귀를 자른다.

- **제229조** 건축업자가 타인의 집을 지을 때 튼튼하게 짓지 않아서 그 집이 무너져 집주인이 죽었으면 그 건축업자를 죽인다.

가족, 노예, 상속, 토지, 재산, 채무, 상업, 범죄 등과 관련된 형벌까지 함무라비 법전에는 당시 여러 부분에서 반드시 지켜야 할 규정들을 세세히 보여 준다. 읽어보면 알겠지만 함무라비 법전은 잔인하다고 느껴질 정도로 엄격하다. '눈에는 눈, 이에는 이'와 같은 복수주의는 고대 법률들의 공통적인 특성이다. 우리나라 고조선의 법에서도 찾아볼 수 있다. 또 농경이나 목축보다는 상업이 중심인 사회였다는 것 역시 법률을 통해 확인할 수 있다. 그리고 법전에 적힌 규정들은 신분에 따라 차별을 두어 누구에게나 똑같이 적용되지 않는다는 걸 알 수 있다. 이는 바빌로니아가 사제와 귀족, 상인과 농민(평민), 노예의 신분으로 구성된 사회였다는 것을 말한다.

노예들까지도 곱셈과 나눗셈을 자유롭게?

바빌로니아의 사회를 엿볼 수 있는 재미있는 부분들이 많지만 수학적인 면을 볼 수 있는 조항은 바로 제8조와 제64조이다. 이 두 개의 법률 조항은 당시 바빌로니아의 사람들이 자유자재로 곱셈과 나눗셈을 할 줄 알았다는 것을 증명해 준다.

제8조를 먼저 살펴보면 훔친 것의 30배, 10배와 같은 배수의 개념이 적용된 것을 확인할 수 있다. 무려 4,000년 전의 사람들이 곱셈을 자유롭게 할 줄 알았다는 것이다. 제64조의 내용, '수확량의

$\frac{2}{3}$를 주고 $\frac{1}{3}$은 가진다.'라는 내용을 보면 이들이 나눗셈의 개념 역시 보편적으로 활용하고 있었다는 것을 증명한다.

그게 뭐 그리 대단한 거냐고 생각할 수 있지만 곱셈, 나눗셈과 같은 기호들이 1600년대가 되어서야 사용되기 시작했다. 심지어 함무라비 법전은 바빌로니아의 모든 사람에게 적용되는 법률이었으므로 노예들까지도 곱셈과 나눗셈을 할 줄 알았다는 뜻이 된다. 14세기까지만 하더라도 수학은 기호를 사용하지 않고 오직 글과 말로만 식과 도형을 설명해 왔다. 그러니 수학의 기호들이 존재하기도 훨씬 전에 살았던 고대인들이 곱셈, 나눗셈의 개념을 알고 있었다는 건 정말 신비로운 일일 수밖에 없다.

이처럼 함무라비 법전을 통해 당시 시대상을 알 수 있었고, 수학이 일상적으로 사용됐다는 것을 보여 준다. 농사를 지을 때도, 물건을 교환할 때도, 그 외에도 일상의 수많은 부분에서 우선시되면서도 확립되어야 했던 규칙이 바로 수학이었다.

왕이 아닌 백성을 위한 법전

신분에 따라 차별적으로 적용되었다는 것 때문에 함무라비 법전이 백성을 위한 수단이 아니라고 생각할 수 있는데, 노노. 절대 그렇지 않아요. 사실 이 법전은 단순하게 왕이 통치를 위해

세운 수단이 아니라 억압받는 백성들을 위해 세운 것이랍니다.

예를 들어 볼까요? 이자율에 대한 법률 조항 중 88조를 보면 이런 내용이 있어요. '곡물 1구르에 대해 100실라, 은 1세켈에 대해 $\frac{1}{6}$ 세켈 6그레인의 이자를 받는다.' 라는 조항에 따라 이자율을 계산해보면,

백성이 곡식을 빌리면 33%, 은을 빌리면 약 20%의 이자율을 적용해야 한다는 걸 알 수 있어요. 이어서 90조를 보면 '이자 상한제'라는 게 나오는데, 이 말은 곡식이나 은에 대한 이자를 88조에서 정한 이율보다 더 받지 못하게 한다는 뜻이에요. 즉, 곡식을 빌려야만 하는 약자인 백성들이 원금에 이자까지 불어나는 부채를 감당하기 힘들다는 걸 고려한 왕은, 그들이 이자 상한제를 통해 어려움을 덜 수 있도록 한 것이죠. 많은 사람들이 함무라비 법전의 엄격성을 이유로 잔인한 법전이라 얘기하지만 이처럼 함무라비 법전에는 피지배층을 위한 조항도 상당수 포함되어 있답니다.

폼페이 유적

시간이 멈춘 도시

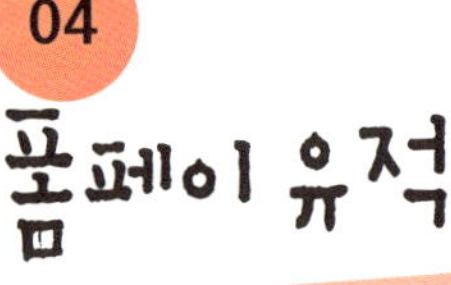

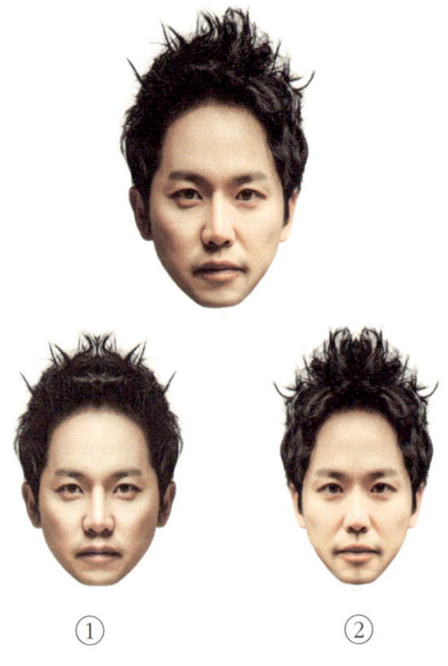

누군가의 얼굴 사진이다. 눈, 코, 입 나무랄 데가 없어 보인다. 그런데 이 사진들이 한 사람 같으면서도 뭔가 다르다는 게 느껴지는가?

사실 이 얼굴 사진은 앱으로 내 얼굴을 찍어서 왼쪽과 오른쪽 얼굴만을 각기 합성한 것이다. ①번 사진은 얼굴의 오른쪽 부분만을, ②번 사진은 얼굴의 왼쪽 부분만을 양쪽으로 붙여서 만들었다.

거울 앞에 서서 자신의 모습을 한번 살펴보자. 왼쪽 눈과 오른쪽 눈이 짝을 이루고, 왼쪽 팔과 오른쪽 팔, 왼쪽 다리와 오른쪽 다리가 짝을 이루고 있다. 이처럼 사람의 몸은 좌우 대칭이다. 하지만 좌우가 완전히 똑같이 생긴 것은 아니다. 사진만 살펴보더라도 사람의 얼굴이 완벽한 대칭을 이루고 있지는 않다는 것을 알 수 있다.

수학에서는 점이나 직선 또는 평면의 양쪽에 있는 부분이 꼭 같은 형으로 배치되어 있는 것을 '대칭'이라 말한다. 점을 중심으로 한 대칭은 '점대칭 도형', 선분을 중심으로 한 대칭은 '선대칭 도형', 평면을 중심으로 한 대칭은 '면대칭 도형'이라 부른다. 이런 대칭은 사람의 몸이나 얼굴, 동식물뿐만 아니라 역사 속에서도 찾아볼 수 있다. 오랜 시간 잿더미 속에 파묻힌 채 지도에서 사라졌던 도시! 1592년 극적으로 다시 등장했던 바로 그 폼페이의 놀라운 역사 속으로 지금부터 들어가 보자.

역사상 최대의 화산 폭발! 폼페이 최후의 날

서기 79년 8월 24일 정오 무렵, 이탈리아 남부 나폴리 연안에 우뚝 솟아 있는 베수비오 화산이 돌연 폭발했다. 대규모 분화로 엄청난 양의 화산재와 화산암을 뿜어내면서 인근 도시를 뒤덮어 버렸다.

도망칠 새도 없이 쏟아지는 뜨거운 용암과 화산재에 건물들은 파괴되고 사람들은 압사하거나 질식사했다. 2014년에 개봉해 국내에서는 그리 흥행하지 못했지만 블록버스터급으로 만들어져 해외에서는 이슈가 되었던 영화 〈폼페이〉에 이 역사적 사실이 매우 생생하게 그려진다. 영화의 내용은 사랑과 음모로 이어지지만, 한 순간 자연의 거대한 움직임 앞에 그 모든 이야기들은 속절없이 묻혀 버린다. 사랑하는 사람들도, 미워하던 사람들도 삽시간에 폼페이(Pompeii)와 함께 사라져버렸기 때문이다. 그리고 아주 오랜 세월이 지나서야 그 존재가 다시 드러났다.

1738년 4월의 어느 날, 한 농부가 베수비오산에서 밭을 갈다가 기다란 쇠붙이를 발견했다. 한눈에 보기에도 아주 먼 옛날에 쓰인 수도관 같았다. 이 소식을 들은 나폴리의 국왕은 곧바로 발굴을 지시했고, 땅 아래에서 놀라운 도시가 발견되었다. 바로 천 년이 넘는 시간 동안 잠들어 있던 폼페이였다. 당시 사람들은 발굴된 지하 도시가 무엇인지 잘 몰랐다. 이 도시가 폼페이란 사실은 1755년 독일의 고고학자 요한 빙켈만(Johann Joachim Winckelmann)이 밝혀냈다. 그는 화산 폭발 당시의 참혹한 상황을 생생히 전달한 소(小) 플리니우스(Pliny the Younger)의 편지를 읽어 내려가던 중 그 이름 모를 지하 도시가 폼페이라는 사실을 깨달았다.

이 도시가 마침내 발굴되자 전 세계는 충격에 빠졌다. 약 2만 명의 주민이 살았던 오랜 과거의 도시가 그대로 남아 있었기 때문이다. 폼페이의 건물과 그 내부는 당시 고대의 일상을 고스란히 보여주고 있었다. 사라진 고대 도시의 생생한 일상, 폼페이 유적의 발견은 인류 고고학사 최대의 사건이라고 해도 과언이 아닐 것이다. 그런데 이 발굴 현장에서 라틴어로 된 '사토르 마방진'이 발견되었다.

Sator Arepo Tenet Opera Rotas

'바느질꾼 아레포는 일하면서 바퀴를 들고 있네'라는 알쏭달쏭한 뜻을 가진 낙서였다. 하지만 그 의미보다도 아주 재미있는 점을 발견할 수 있었다. 바로, 알파벳을 바로 읽으나 거꾸로 읽으나 신기하게도 다 같은 문장이 된다는 사실이었다. 앞에서 설명했던 수학의 대칭이 언어에서도 보였던 걸까?

사토르 마방진은 가로로 읽으나 세로로 읽으나 똑같이 읽히는 다음절의 다어절로 이루어진 문장을 뜻한다. 여기서 세로로 읽는다는 것은 왼쪽에서부터 읽는 것이며, 각 어절당 음절 수는 어절 수만큼 딱 맞아야 한다. 좌우 대칭적 문장을 문학 용어로는 '팔린드롬(Palindrome, 회문)'이라고 한다.

그림을 잘 살펴보면, 빨간 선으로 구분한 부분이 십자가 형태를 띠고 있다. 이를 두고 기독교인들의 암호문으로 보는 학자도 있다. 사람들은 오래전부터 회문 단어나 문장, 또는 회문 수처럼 반복되

는 말과 반복되는 수에 비밀을 담아 숨기기도 하고, 일종의 마법 같
은 신비한 힘을 기대하기도 했던 모양이다.

폼페이에서 발견된 신비의 '회문'

2007년에 발표된 슈퍼주니어 T의 노래 〈로꾸거〉를 들어본 적
있는가? 이 노래는 후렴구와 브릿지 구간을 제외하면 가사 전체가
거의 회문으로 이루어져 있다. 잠깐 살펴보자.

로꾸거 로꾸거 로꾸거 말해말

로꾸거 로꾸거 로꾸거 말해말

아많다많다많다많아

다이뿐이뿐이뿐이다

여보게저기 저게보여

여보 안경안보여

통술집술통 소주만병만주소

다이심전심이다 뽀뽀뽀

아좋다좋아 수박이박수

다시 합창합시다

참 기발하고 재미있지 않은가? 앞으로 읽으나 뒤로 읽으나 똑같은 글자나 문장이 나오는 언어유희의 일종이라 할 수 있겠다. 이처럼 노래 가사에도 적용해 볼 수 있는 이 회문은 17세기 영국의 작가 벤자민 존슨(Benjamin Jonson, 1572~1637)이 생각해낸 개념이다. 중국에서는 그 역사가 더 깊고, 회문시는 고전문학의 한 장으로 인정되고 있을 정도다. 또 회문의 한 종류로 '문자 마방진'을 들기도 한다.

'마방진'은 가로, 세로, 대각선에 있는 수들의 합이 같은 것을 말하는데, '문자 마방진'은 가로로 읽든 세로로 읽든 같은 문장이 된다. 이러한 문자 마방진은 앞서 말한 라틴어로 된 사토르 마방진처럼 그 역사가 오래되었다. 앞서 나온 폼페이 유적에서 살펴볼 수 있었던 것처럼 17세기에 발견되었을 뿐이지 우리 인류는 서기 79년부터 이미 사용하고 있었다는 사실을 알 수 있다. 그것도 단순한 좌우 대칭의 회문을 넘어선 사각 회문을 말이다.

이처럼 수학의 간단한 '대칭' 개념만 알아도 역사적 사실을 이해하고, 때로는 새로운 사실을 밝혀낼 수도 있다. 어쩌면 수학에 대해 알면 알수록 점점 더 은밀한 비밀 속으로 들어가게 되는 건 아닐까?

아직도 발굴 중인 고대 로마 도시

폼페이는 고대 로마의 도시입니다. 현재 행정 구역으로는 폼페이 코무네에 속합니다. 화산 폭발로 사라지기 전까진 농업과 상업의 중심지이자, 로마 귀족들의 휴양지였답니다.

폼페이 발굴은 1592년 운하를 건설하는 공사 과정에서 우연히 매몰되어 있던 건물과 회화 작품 등이 발견되면서 시작되었는데요. 그때는 발굴 기술이 좋지 않아, 본격적으로 발굴이 시작된 건 1748년부터였다고 합니다. 그런데 당시 이탈리아를 지배하던 프랑스의 부르봉 왕조가 독점으로 발굴 사업을 벌여 귀중한 유물들을 프랑스 왕궁으로 가져가 버렸답니다.

그러다가 1861년 이탈리아가 통일되면서 폼페이의 모습이 확연히 드러났어요. 이탈리아 국왕 빅토르 에마뉴엘 2세는 고고학자 주세페 피오렐리(Giuseppe Fiorelli)를 발굴 대장으로 임명하고, 조직적인 발굴을 지시했습니다. 이렇게 해서 유적에 대한 구획 정리와 함께 본격적인 수리와 보존이 이루어지게 되었습니다. 발굴단은 유적들이 층층이 쌓여 있는 빈 곳에 석고를 부어 넣어 당시 죽은 사람들의 모습을 재현하는 과학적인 방법을 동원하기도 했어요.

그 후에도 발굴은 계속되어 현재는 도시의 약 $\frac{4}{5}$ 가 모습을 드러낸 상태랍니다. 이곳에서 나온 많은 출토품은 현재 나폴리 미술관에 소장되어 있습니다.

재미있는 좌우 대칭, 회문을 찾아보자!

문장의 띄어쓰기를 잠시 무시하고, 앞에서부터 읽으나 뒤에서부터 읽으나 똑같은 한 단어, 구절 또는 연속되는 글자나 숫자를 만드는 두뇌의 스포츠를 '회문'이라 부릅니다. 다음과 같이 회문의 예는 아주 많아요.

일요일

별똥별

다들 잠들다

소 있고 지게 지고 있소

다리 그리고 저고리 그리다

다시 올 이월이 윤이월이 올시다

한글이나 한문은 원래 띄어쓰기를 하지 않았고 마침표 같은 문장 부호도 없었기 때문에, 이런 식의 회문 놀이에 아주 적합하다고 할 수 있어요. 그래서 옛 선비들은 회문으로 시를 짓기도 했답니다. 영어의 회문으로는 'radar(레이더)', 'Madam, I'm Adam(사모님, 저는 아담입니다)' 등 많은 예가 있어요.

수에도 1991, 2002 같은 회문 숫자가 있어요. 회문을 수학에 적용해서 팔린드롬 수, 거울 수, 대칭 수, 회문 수 등의 여러 가지 이름으로 부르기도 하는데요. 11, 22, 33 등과 같은 두 자리 수부터 111, 121, 252, 2332, 34543 등 다양하게 존재한답니다. 회문이 수학에 적용된 또 다른 예는, 같은 두 수의 더하기와 곱하기의 결과 값에서도 찾을 수 있습니다.

9+9=18 ↔ 9 × 9=81

24+3=27 ↔ 24 × 3=72

47+2=49 ↔ 47 × 2=94

이처럼 결과 값의 숫자가 거꾸로 되는 것이죠. 이러한 회문 숫자는 어렵기만 한 수학도 재미있는 오락이 될 수 있습니다.

05

토너먼트
중세 유럽의 꽃, 기사

토너먼트, 축구나 야구 등 리그 경기와 뗄 수 없는 단어인 이 '토너먼트'의 어원을 아는 사람은 의외로 많지 않다. 현대에서는 시합 방식을 나타내는 뜻으로 쓰이지만 본래 이 단어는 중세시대에 기사들이 말을 타고 승부를 겨루는 시합에서 유래되었다.

중세 봉건주의의 꽃, 기사

"도망치지 않는다. 난 기사니까!"

영화 〈기사 윌리엄〉에 나오는 명대사다. 이 영화는 우리에게 '조

커'로 잘 알려진 히스 레저 주연으로, 2001년에 만들어져 우리나라에서도 크게 흥행했다. 주인공 윌리엄은 자신의 운명을 스스로 개척하기 위해 '기사'로 신분을 위장하고, 당시 귀족들에게 최고의 인기였던 마상 시합에 참여해 계속해서 승리를 거머쥔다. 그리고 토너먼트의 마지막 경기에서 강력한 라이벌을 만나 일생일대의 위기에 놓이게 된다는 이야기를 그리고 있다.

이처럼 토너먼트는 유럽 중세의 기사들이 겨루던 마상 경기에서 유래됐다. 게르만족의 민족 대이동이 일어났던 5세기부터 르네상스가 부흥했던 15세기까지를 우리는 중세라 부른다. 중세 유럽을 대표하는 특징적인 제도로는 봉건제, 그리스도교, 장원제 등이 있는데, 이중 봉건제는 앞에서 이야기한 '기사'와 밀접한 관련이 있다. 봉건제도란 한마디로 '영주들이 농민에게 농토를 주고 그들을 기사로 삼아 자신들을 보호하게 한 제도'다. 이렇게 농토를 받고 기사가 된 사람들은 주인을 위해 충성을 다했고, 죽을 때까지 그들을 지키기도 했다. 이 봉건제도는 서로마제국이 멸망한 뒤 생겨났다. 정세가 혼란스럽고 이민족들이 자꾸 침략을 해오자 재산이 있는 사람들은 불안해졌다. 보디가드가 필요하다고 생각했다. 그래서 자신의 안위를 위해 싸움에 재능이 있는 사람들을 모은 후, 그들에게 토지를 내어 주고 자신의 기사로 삼은 것이다.

11세기부터 12세기는 기사 제도가 가장 성행하던 시기다. 혈통만으로 될 수 있는 귀족과 달리 기사는 어린 시절부터 훈련, 수업, 세상 경험 등을 거치며 영주를 섬기다 그 능력을 인정받아야만 될 수 있는 작위였다. 기사 제도가 발전함에 따라 그 의미는 단순히 말을 타고 싸우는 전사의 의미를 넘어 신께 봉사하고, 여자와 가난한 이, 노인이나 고아 같은 힘없는 이를 보호하며, 오직 정의를 위해서만 칼을 빼고 주인에게는 무조건 복종해야 하는 존재의 상징으로 변해갔다. 영화에서 기사 윌리엄이 "나는 기사이기 때문에 도망가지 않는다."고 했던 것처럼 그들에게 '기사도 정신'이란 매우 중요한 의미였다. 이처럼 이상적인 인물의 상징과도 같았던 이 시기의 기사들의 주된 임무는 당연히 전쟁이었지만 전쟁이 없는 시기에는 마상 시합을 벌이며 각자의 솜씨를 겨루었다.

마상 시합은 출전자들이 말에 올라 창을 가지고 싸움을 벌여 최후의 승자 한 명만을 뽑는 대회였다. 이 대회에는 무려 수백 명 이상의 기사가 참가했다. 기사들은 투구로 얼굴을 보호하고, 방패와 창을 든 채 신호에 따라 상대방을 겨누고 돌진했다. 상대를 말 위에서 떨어뜨린 이가 승자가 되는 이 시합이 바로 '토너먼트'의 시초였다. 토너먼트는 15세기에 이르러서는 국왕과 명문 귀족, 귀부인들 앞에서 기사들이 자신의 화려함을 뽐내는 무대로 꽃 피웠다. 토너먼트에서의 우승은 기사 최고의 명예라 칭해질 정도로 기사들에게는 엄청난 의미가 담긴 시합이었다.

최후의 승자가 남을 때까지

이러한 기사들의 마상 시합을 이어받은 것이 현대의 토너먼트다. 대회가 열릴 때 우리는 대진표라는 것으로 토너먼트를 쉽게 접할 수 있다. 대진표를 보면 총 몇 번의 경기가 치러지는지도 쉽게 확인이 가능하다. 예를 들어 8명이 참가한 토너먼트 대회는 모두 7개의 교점이 있으므로 7번의 경기가 치러진다. 그렇다면 대진표를 보지 않고도 몇 번의 경기가 치러지는지 쉽게 알 수 있는 방법이 있을까?

태권도 대회에 20명의 참가자가 토너먼트 방식으로 대회를 치른다고 가정해 보자. 우승자는 단 한 명뿐. 이는 곧, 나머지 19명이 탈락할 때까지 경기가 끝나지 않음을 의미한다. 한 번이라도 패배한 참가자는 자동으로 탈락이 확정된다. 그러므로 한 번의 경기에는 한 명의 참가자만 나오게 된다. 즉 총 경기 수는 탈락자의 수와 같은 19번이 되는 것이다. 이 규칙을 공식으로 나타내면 다음과 같다.

(총 경기 수) = n-1

(n=팀전이라면 참가한 팀의 수, 개인전이라면 참가자의 수)

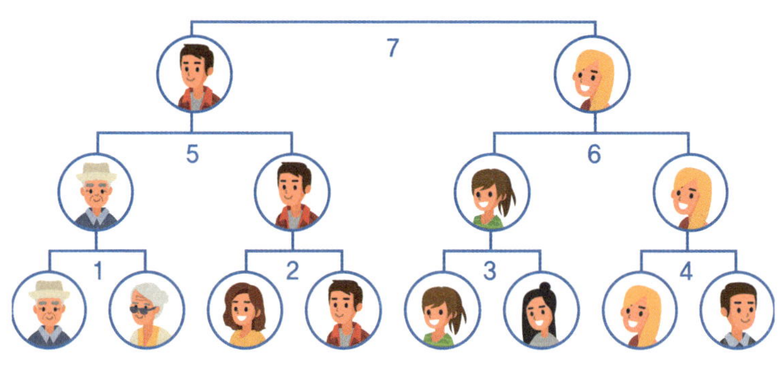

토너먼트

그러나 토너먼트와 달리 리그전은 모든 팀과 한 번씩 경기를 치러야 한다. 때문에 토너먼트처럼 금세 경기 수를 알아맞히기는 힘들다. 그래서 '리그 방식의 대회에서는 모두 몇 번의 경기가 치러질까요?'라는 문제가 자주 출제되는 것이다. 앞서 얘기한 토너먼트보다 과정이 복잡해 보일 수 있지만 리그전의 총 경기 수를 계산하는 공식을 소개한다.

만약 총 4개의 팀이 리그에 참가했다면 리그전의 총 경기 수의 계산법은 아래와 같다.

1+2+3 = 6(번)

5개의 팀이라면 아래와 같다.

1+2+3+4 = 10(번)

쉽게 공식으로 나타냈을 때 아래와 같다.

$$(\text{총 경기 수}) = 1+2+3+4+5+6+ \cdots +(n-1) = \frac{n(n-1)}{2}$$

(n=팀전일 때는 참가한 팀의 수, 개인전일 때는 참가자의 수)

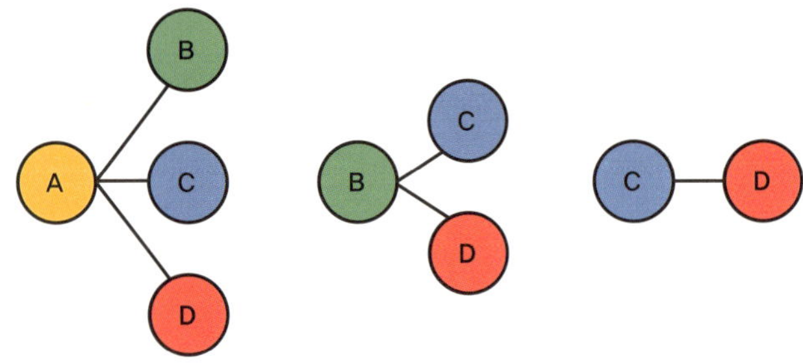

리그전

들어보기만 했지 그 의미에 대해선 잘 몰랐던 토너먼트. 그 속에도 수학이 담겨 있다. 이처럼 간단한 공식 하나에서도 우리는 시대의 역사를 엿볼 수 있다. 우리가 복잡하고 어렵다고만 여기는 수학은 이렇게 인류가 자랑하는 긴 역사 곳곳에 숨겨져 있다. 조금 더 관심을 갖고 살펴본다면 역사 속에서 더욱 흥미롭고 신기한 수학의 세계를 발견할 수 있을 것이다.

리그전, 그리고 토너먼트

월드컵과 같은 축구 대회에서는 참가한 팀들을 조로 나누고 먼저 예선전을 치러 토너먼트에 진출할 팀을 선별해요. 토너먼트에 진출하기 전인 예선에서는 리그전의 방식을 적용하는데요. 리그전은 참가한 팀 전체가 각 팀과 한 번씩 승부를 겨뤄 가장 많이 승리한 팀이 우승을 차지하는 방식의 경기랍니다.

월드컵 조별 예선을 예로 들어볼까요? 한 조에 4개의 팀이 배정되는 월드컵은 각 팀이 다른 3개의 팀들과 한 번씩 시합을 치릅니다. 그리고 가장 성적이 좋은 2개의 팀이 본선에 진출하죠. 2002년 월드컵에서 우리나라는 4강까지 진출하기도 했는데요. 맨 처음 대한민국은 D조로 폴란드, 미국, 포르투갈과의 조별 리그를 거쳐 이탈리아와 16강 토너먼트 전을 치르게 됐죠. 이처럼 리그 방식은 모든 팀이 평등하게 시합할 기회를 얻는다는 장점이 있지만 순위를 결정하기까지 토너먼트보다 훨씬 많은 시간이 걸린다는 단점이 있죠.

06

필즈상

수학자와 노벨상

노벨상은 매년 12월 10일 인류 문명의 발달에 학문적으로 기여한 사람이나 단체에게 주어지는 상으로 1901년부터 노벨 물리학상, 노벨 화학상, 노벨 생리학·의학상, 노벨 문학상, 노벨 평화상이 수여되어 왔다. 2000년에는 우리나라의 김대중 대통령이 국내 최초로 노벨 평화상을 수상하기도 했다. 그러면 이 노벨상을 만든 '노벨'에 대해 알아보자.

스톡홀름에서 태어난 알프레드 노벨(Alfred Bernhard Nobel, 1833~1896)은 러시아, 프랑스, 미국에서 기초 공학과 화학을 공부했다. 이후 그는 1867년에 광산에서 안전하게 사용할 수 있는 폭약을 연구하다가 나이트로글리세린을 이용해 다이너마이트를 발명하게 된다. 하지만 자신의 원래 목적과 다르게 다이너마이트가 전쟁에 사용되면서부터 노벨은 엄청난 양심의 가책을 받게 되었다. '내가 다이너마이트를 개발한 건 그런 의도가 아니었어….' 그래서 그는 결심한다. 64세의 나이로 숨을 거두면서 자신의 전 재산을 기부해 인류의 행복 증진에 공헌하는 사람에게 상을 주겠다고. 사람들은 이 상에 '노벨상'이란 이름을 붙였고, 1901년 겨울에 최초의 수상자를 낸 이후부터 지금까지 세계에서 가장 권위 있는 상으로 알려졌다.

처음에 노벨상은 물리, 화학, 생리·의학, 문학, 평화 부문에서만 수상했는데, 이후 1969년 노벨의 유언과는 상관없이 스웨덴 중앙은행이 별도의 기금을 마련해 경제학 부문이 추가되었다. 이쯤에서 드는 생각은, 왜 수학 부문은 없을까? 수학은 자연과학의 기초가 되는 학문일 뿐만 아니라 우리 역사와 사회에 엄청난 영향을 끼

첫다. 그런데 왜 노벨 수학상은 없는 걸까?

수학계의 노벨상, 필즈상이 만들어지다!

노벨상이 자리를 잡아갈수록 많은 학자들은 이 상에 수학 부문이 빠져 있는 것을 안타까워했다. 노벨상에는 '반드시 발명이나 발견을 통해 실질적인 인류 복지에 기여한 자에게 준다'라고 명시되어 있는데, 그 시절 학문의 성격상 이론 위주였던 수학은 실용성이 있는 분야가 아닌 것으로 간주했기 때문이라 추측되었다.

당시 수많은 학자 중에는 캐나다의 수학자인 필즈(John Charles Fields, 1863~1932)도 있었다. 그는 캐나다 토론토 대학에서 공부하다가, 수학의 본고장인 유럽으로 가서 그곳의 수준 높은 강의에 푹 빠지게 되었다. 그리고 스웨덴의 수학자 레플러를 알게 되면서 '노벨상에 버금가는 수학상을 만들겠다!'라고 마음먹었다.

그런데 필즈의 결심만큼 빠르게 수학상이 만들어지지는 않았다. 가장 먼저 기금을 모으는 일부터가 문제였다. 노벨상 수상자에게는 900만 크로나(약 13억 원)의 상금과 금메달 그리고 상장이 함

께 주어진다. 처음에 노벨의 유산 3,100만 크로나(약 45억 원)를 기금으로 노벨 재단이 설립되었기에 과정이 순탄했다. 그런데 수학상은 무턱대고 기금을 모으기가 쉽지 않았고, 우선은 수학계가 하나가 되어 큰 목소리를 내야 하는데 당시 상황이 매우 좋지 않았다. 수학계는 제1차 세계대전의 패전국이 된 독일을 동정하는 학자들과 그 독일을 제외시키려는 국제수학 연합파로 나뉘어 서로를 헐뜯고 비판하는 식으로 갈등이 계속되고 있었다.

하지만 그런 어려운 상황에서도 수학상을 만들겠다는 필즈의 열정은 꺾이지 않았다. 그러자 필즈의 헌신적인 노력에 감동한 동료 학자들과 제자들이 힘을 합쳐 제9회 세계 수학자 회의에서 노벨상에 버금가는 수학상을 만들자고 건의했다. 그리고 그 안건이 채택되면서 필즈가 그토록 원하던 일생의 염원이 실현되었다. 하지만 안타깝게도 필즈는 그 소식을 전해 듣지 못하고 그만 세상을 떠나게 된다. "내 전 재산을 수학 발전에 공헌한 사람을 위한 기금으로 사용하라."라는 유언만을 남긴 채.

이렇게 우여곡절 끝에 만들어진 이 상의 이름은 당연히 '필즈상' 이 되었다. 필즈상의 시상식은 1936년에 시작되었다. 노벨상이 창 설된 1901년에서 35년이나 지난 뒤에야 만들어지게 된 것이다.

세계 수학자들의 잔치, 필즈상을 수상하다

오늘날 수학의 노벨상이라 불리는 필즈상은 매년 수상자를 배출하는 노벨상과 달리, 세계 수학 계에서 탁월한 공적을 인정받은 40세 이하 젊은 학자에게 4년마다 수여되고 있다. 세계 수학자들의 잔치인 세계수학자대회는 개최 첫날, 지난 4년간 가장 뛰어난 수학적 업적을 기리

는 필즈상의 수상자를 발표하고 시상식을 거행했다. 상금은 1만 5,000 캐나다 달러(약 1,400만 원)로 필즈 메달이 함께 수여되었다. 이 필즈 메달의 앞면에는 아르키메데스의 초상이 새겨져 있다.

최초의 필즈 메달은 1936년에 핀란드의 라르스 알포스(Lars Ahlfors, 당시 29세)와 미국의 제시 더글러스(Jesse Douglas, 당시 39세) 두 명에게 수여되었다. 알포스는 해석학에 새로운 분야를 개척한 것에 대한 공로로, 더글러스는 플래토의 문제(Plateau's problem: 공간 내에 주어진 폐곡선을 경계로 하는 곡면 중에서 그 겉넓이가 최소가 되는 것을 구하는 문제)를 해결한 것에 대한 공로로 상을 받았다. 그 뒤 2회 수상자는 4년 후가 아니라 1950년이 되어서야 선정할 수 있었다. 1회 필즈상 수상자를 배출하고 난 뒤 얼마 후 제2차 세계대전이 일어났기 때문이다. 2회 수상자인 프랑스의 로랑 슈바르츠(Laurent Schwartz)는 함수와 적분을 확장한 분포 이론을 개발하여, 또 노르웨이의 아틀레 셀베르그(Atle Selberg)는 해석학이 아닌 방식으로

소수 정리의 초등적 증명을 하여 1950년에 필즈상을 거머쥐었다.

그 후로는 항상 4년마다 세계수학자대회를 개최하고 있다. 특히 1958년을 기점으로 필즈상을 수여하는 사람들에 대한 관심이 집중되면서 덩달아 필즈상의 수상자들에 대한 관심도 높아졌다. 1958년 영국의 에든버러에서 개최된 세계수학자대회에서는 애드버런 시장이, 1962년 스웨덴의 스톡홀름에서는 스웨덴의 국왕 구스타브 6세가 필즈상을 수여했다. 이후 대부분 개최국의 국가원수가 직접 필즈상을 수여하는 전통이 생기면서 필즈상에 대해 소극적이었던 수학자들까지도 서서히 관심을 갖기 시작했다. 2014년 서울에서 개최된 세계수학자대회에서는 역사상 처음으로 이란 출신의 여성수학자 마리암 미르자카니(Maryam Mirzakhani)가 수상하여 주목받기도 했다.

노벨상만큼 상금이 크진 않지만 필즈상이 '노벨상 못지않다'는 평가를 받는 이유는, 아마도 '40세 미만'이라는 독특한 수상 자격 제한 때문일 것이다. 필즈상의 취지가 지금까지 남긴 업적보다 앞으로 남길 업적에 더 주목한다는 점 때문이다. 그래서 필즈상 수상자로서는 그만큼 더 많은 연구의 기회가 열리게 된다는 큰 장점이 있기 때문이다.

현재까지 필즈상 수상자를 가장 많이 배출한 나라는 미국이며 그다음으로 프랑스, 러시아, 영국, 일본, 독일, 중국 등의 순서다. 특히 프랑스가 2위인 이유는 나폴레옹 시절의 에콜 폴리테크닉의 영

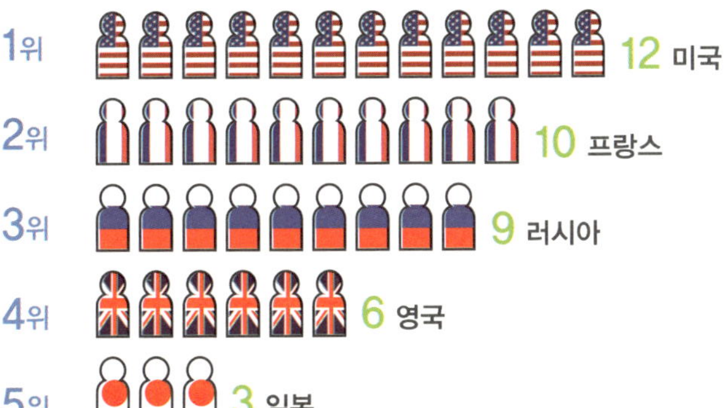

향 때문이다.

아쉽게도 우리나라에서는 필즈상을 수상한 수학자가 한 명도 없다. 20세기 최고의 난제였던 '페르마의 마지막 정리'를 증명해낸 미국의 수학자 앤드루 와일즈(Andrew Wilds) 교수도 나이가 40세를 넘는 바람에 필즈상을 받지 못했다. 필즈상의 경우, 만약 35세에 중요한 논문을 발표했는데 10년 뒤에야 인정된다면 40세 미만이라는 수상 자격 때문에 받을 수가 없다. 결국 상복도 타이밍일지도! 자, 누가 그다음 필즈상의 수상자가 될까? 이 책을 읽고 있는 당신일지도 모른다!

아벨상과 필즈상, 뭐가 다른 걸까요?

필즈상처럼 수학계의 노벨상이라 불리는 또 하나의 상이 있어요. 바로 아벨상입니다. 아벨상은 필즈상보다 한참 뒤에 등장했는데요. 노르웨이 정부가 자국의 수학자 아벨(Niels Henrik Abel, 1802~1829)의 탄생 200주년을 기념하여 2002년에 제정한 상이랍니다. 아벨상 역시 국제적으로 권위 있는 수학상으로, 2003년부터 매년 뛰어난 업적을 낸 수학자들에게 상을 수여하고 있어요. 수상자 후보 추천과 결정은 저명한 수학자 5명으로 이루어진 아벨 위원회가 맡고 있고요. 사실 아벨상은 그 역사가 짧지만, 수학자들 사이에서는 '진짜 수학계의 노벨상'으로 유명합니다.

필즈상의 경우 상금이 1만 달러에 그치고, 게다가 4년에 한 번 주로 순수수학 분야에서 40세 미만의 젊은 수학자에게만 수상한다는 한계점을 갖고 있는데요. 이 때문에 수상자의 연령에 제한을 두지 않고, 응용수학까지 포함해 모든 수

학 분야에 주어지는 권위 있는 상을 제정하자는 움직임이 일어나면서 아벨상이 만들어지게 되었어요. 상금은 무려 50만 달러(약 7억 8,000만 원)고요!

아벨상의 첫 수상자는 20세기 대수기하학과 대수위상학, 정수론의 발전에 영향을 끼친 공로로 프랑스의 '장피에르 세르(Jean-Pierre Serre)'가 선정되었어요. 2019년에는 미국의 '캐런 울렌백(Karen Uhlenbeck)'이 수상하면서 17년 만에 아벨상을 거머쥔 첫 여성 수학자가 배출되기도 했어요. 아벨상은 수학자가 일생 동안 쌓아온 업적을 바탕으로 수상하기 때문에 수상자들의 나이가 지긋하다는 특징이 있답니다.

사람을 알다

수학을 사랑한 위인의 삶에서 수학이 어떻게 사용되었는지

당시의 재미난 사건을 통해 소개한다.

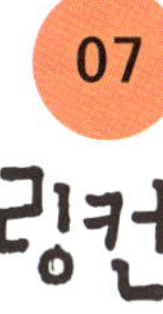

링컨

　노예, 노예해방. 두 단어를 들으면 누가 떠오르는가? 그렇다. 너무나 자연스럽게도 미국의 16대 대통령이었던 에이브러햄 링컨이 떠오른다. 다들 잘 알다시피 그가 노예해방을 선언하게 된 배경에는 남북전쟁이 있었다. 남북전쟁은 1861~1865년에 미합중국의 북부와 남부가 벌인 동족 상잔의 비극적인 내전이었는데, 남부의 여러 주가 연방을 탈퇴한 탓에 벌어지게 된 전쟁이었다.

　북부의 각 주에서 군대를 조직한 링컨은 연방을 탈퇴한 남부의 주들이 조직한 남부연방과 전쟁을 벌였고, 승기가 북부 쪽으로 확실하게 기울자 1863년 새해 첫날에 노예제 폐지를 선언했다. 연방정부를 탈퇴한 남부 주의 노예들을 전면 해방한다는 내용이었다.

노예해방 선언문

현재 미국에 대하여 반란 상태에 있는 주, 또는 주의 일부의 노예들은 1863년 1월 1일 이후부터 영원히 자유의 몸이 될 것이다. 육해군 당국을 포함하여 미국의 행정부는 그들의 자유를 인정하고 지켜줄 것이며, 그들이 진정한 자유를 얻고자 노력하는 데에 어떠한 제약도 가하지 않을 것이다. 미국의 대통령인 나, 에이브러햄 링컨은 1863년 1월 1일부터 그 후 100일 동안, 아래 주와 일부 지역을 반란 주로 지명하는 바이다. 아칸소, 텍사스, 루이지애나, 미시시피, 앨라배마, 플로리다, 조지아, 사우스&노스 캐롤라이나, 버지니아. 나는 이상의 지역에 노예로 있는 모든 사람들이 이제부터 자유의 몸이 되었음을 선포한다. 그리고 육군과 해군 당국을 포함하여 미국의 행정부는 위 사람들의 자유를 인정하고 유지할 것이다. 나는 자유가 선언된 위의 노예들에게 자기 방어를 위해 필요한 경우가 아니라면 모든 폭력 행위를 삼갈 것을 명한다. 그리고 그들에게 허용된 모든 경우에 적합한 임금을 벌기 위해 충실히 노동할 것을 권유하는 바이다. 또한 위의 노예들 중 적합한 조건을 갖춘 자는 미군 부대에 입대하여 요새, 진지 및 기타 부서에 배치되고, 모든 종류의 선박에도 배치될 것임을 알린다.

-1863.1.1. A. 링컨.

이 선언문은 '노예들의 해방'이라는 인류 역사에 큰 획을 그은 선언문으로서의 의미와 더불어 또 다른 의미에서 아름다운 사건이자 선언문이라 할 수 있다. 바로, 이 선언문이 수학적인 정신을 바탕으로 쓰였다는 사실 때문이다. 링컨의 노예해방 선언문은 그리스의 수학자, 유클리드의 저서인 《원론》이 가진 기본 정신을 바탕으로 논리적이면서도 수학적인 형식으로 정당성을 세웠다.

'수학에는 왕도가 없다.' 수학자, 유클리드

유클리드는 기원전 350년경에 태어난 인물이다. 유클리드는 영어로 읽었을 때의 이름이며 그의 조국인 그리스식으로 읽으면 '에우클리데스'이다. 명화 〈아테네 학당〉을 보면 오른쪽 아래 컴퍼스를 들고 있는 사람이 있다. 그가 바로 유클리드다.

유클리드가 남긴 가장 유명한 두 가지는 바로 '기하학에는 왕도가 없다.'는 말과 그의 저서 《원론》이다. 당시 기하학은 곧 현재의 수학을 일컫는 말이었으므로 앞서 얘기한 그의 말은 곧 '수학에는 왕도가 없다.'는 말과 같은 얘기가 된다.

유클리드의 저서 《원론》은 '기하학 원론' 혹은 '유클리드 원론'이라 불리며 서양에서 수천 년 동안 성경 다음으로 많이 읽힌 책으로 알려져 있다. 기원전 3세기에 유클리드가 집필한 이 《원론》은 총 13권으로 이루어져 있다. 그러나 집필이라고 하기에는 조금 모호한 점이 있었다. 이 책은 당대에 알려져 있던 모든 수학에 대한 내용을 모아 놓은 집결체였기 때문이다. 즉, 《원론》은 최초의 수학 책이었다.

유클리드의 《원론》은 탈레스, 피타고라스, 플라톤 등 역사적으로 이름을 남긴 수학자들의 연구와 그 결과를 단순히 기록한 것이 아니라 내용과 증명 방법을 수정해 논리적으로 재정리해 엄선된 연구 결과라는 것에 큰 의미가 있다. 그래서 《원론》은 기원전 3세기부터 현재까지, 2300년이라는 엄청난 시간 동안 기하학의 성서로 여겨지고 있다고 할 수 있다.

증명을 하지 않고 진리로 받아들이는 명제를 '공리'라고 한다. 유클리드의 《원론》은 5개의 공리를 바탕으로 수천, 수만 개의 정리를 논리만으로 유도해 낸다. 서양인들에게 있어서 《원론》은 논리력을 기르기 위한 최고의 도구로써 두뇌 개발에 큰 역할을 했다. 그리고 링컨은 바로 이《원론》을 바탕으로 변호사가 된 인물이었다.

《원론》 그리고 에이브러햄 링컨

"나 스스로 입증한다는 말의 의미를 완벽하게 이해하지 못하고서는 절대 법률가가 되지 못할 것입니다!"

많은 사람이 링컨의 엘리트적인 모습에 감탄하지만, 실제로 그는 초등학교도 제대로 졸업하지 못한 채 학업을 그만두어야 했다. 당시 그의 집안은 공부에만 매진할 수 있는 형편이 되지 못했기 때문이다. 성인이 된 링컨은 독학으로 법률을 익혔다. 그러던 중 하루는 한 단어를 보고 고민에 빠지기 시작했다. 그것은 바로 '입증한다'는 표현이었다. 그 말의 의미를 파헤치던 중, 링컨은 우연히 아버지의 서재에서 유클리드의 《원론》을 발견하게 된다. 그리고 이 책을 탐독하면서 드디어 '입증한다'는 것의 의미를 제대로 이해하게 되었다. 즉, 입증한다는 것은 주관적인 주장이 아닌 어떠한 사실을 객관적으로 증명하는 것임을 이해하게 된 것이다. 링컨은 《원론》을 통해 유죄와 무죄를 입증한다는 것이 무엇인지 정확하게 터득했다.

그렇다면 앞에서 말한 대로 노예해방 선언문은 어떻게 해서 《원론》에 입각해 그 논리를 펼치고 있는 걸까? 이 답을 이해하기 위해서는 《원론》이 과학이나 예술뿐 아니라 현대 정치에도 큰 영향을 준 저서라는 사실을 알아야 한다. 즉, 링컨의 노예해방 선언문은 존 로크의 미국 독립선언문으로부터 지대한 영향을 받았는데, 이 독립선언문을 살펴보면 《원론》의 영향을 받았다는 사실을 잘 알 수 있다.

계몽철학, 경험철학의 시조라 불리는 존 로크. 그는 1689년, 〈정부의 두 개의 조약〉이란 논문으로부터 다음과 같은 결론을 도출해 냈다.

같은 종과 같은 부류에 태어나 같은 신체 기관을 이용하는 생물은 서로 평등해야 한다.

따라서 규칙이나 법률이 없을 때에 인간은 자유롭고 평등하고 독립적이라는 것은 자명하다. 정부의 역할은 인간의 생명, 자유, 재산에 대한 천부 권리를 유지하는 것이다.

미국 건국의 아버지들은 1776년 독립선언서에서 "우리는, 모든 인간이 평등하게 창조되었음을 진리로 여긴다."고 말함으로써《원론》에 입각한 존 로크의 사상을 이어받았다는 것을 공식화했다.

존 로크의 사상에 많은 영향을 받았던 링컨 역시《원론》에 입각해 노예제도에 대해 생각했다.

"만약 A가 B를 노예로 만들 수 있다(A≥B)는 것을 증명할 수 있다면, 왜 같은 논리로 B가 A를 노예로 만들 수 있다(A≤B)는 것은 증명할 수 없는 것인가? 결국 이 모든 것은 A와 B가 같다(A=B)는 수학적 사고를 기반으로 만들어진 것이 아닌가."

링컨의 이 생각은 매우 분명하면서도 반박할 수 없는 논리였다. 노예를 소유할 권리가 그 어떤 것이든 상관없이 노예들 역시 같은 추리를 사용하여 그들의 주인을 노예로 만들 수 있다는 것이다. 돈이든, 지적 능력이든, 피부색이든 어떤 정의로도 이 논리는 반박이 불가능했다. 링컨이 주장한 이 논리는 수학에서 자주 사용되는 '모순에 의한 증명'이라 불리는 교과서적인 예시다. 링컨은 이처럼 '원론'에 입각하여 '피부색, 지성, 돈에 상관없이 모든 사람은 평등하다.'는 결론을 내린 것이다.

링컨의 전기를 쓴 작가, 마이클 벌링엄은 "링컨은 유클리드의 저서를 출장에도 가지고 다녔다. 유클리드를 파고드는 것은 그가 정신적으로 불필요한 모든 짐을 벗어던지고 심리적, 논리적으로 문제의 핵심을 해결하는 돌파구였다."라고 말했다.

링컨은 초등학교 중퇴라는 학력 콤플렉스를 극복하기 위해 잠자리에 들기 직전까지도 《원론》을 끼고 잤다고 한다. 그만큼 이 책은 링컨의 삶에 있어 중요한 의미를 지닌다고 할 수 있다. 《원론》이 주는 논리적 증명 방법이 곧 스스로의 논리력 향상으로 이어질 거라 믿었던 링컨. 결국 그는 수학적으로 반박될 수 없는 논리를 이용해 당시 노예제도의 모순을 증명할 수 있었던 것이다. 뿐만 아니라 링컨은 매일 성경을 읽으며 지혜를 구했고, 위인들의 필체를 그대로 옮겨 쓰는 필사도 매일 함으로써 누구도 그의 학력에 대해 이야기할 수 없을 만큼 지혜로운 리더가 되었다. 그가 대통령이 된 후에도 '역대 대통령 중 가장 훌륭한 대통령'이라고 불릴 만큼 그는 날마다 배우고 공부하는 습관이 밴 사람이었다.

연역적 추론

독립선언문, 노예해방 선언문에서 얘기했듯이, 유클리드의 《원론》에 입각했다는 말은 반박이 불가한 공리를 내세운 연역적 추론의 방법으로 논리를 전개했음을 뜻합니다.

연역적 추론이란 '명제 A가 참이고, 명제 A로부터 B를 논리적으로 추론할 수 있다면 명제 B도 참이다.'란 논리인데요. 이 말은 곧 '공리가 참이라면, 공리로부터 연역적으로 추론된 것도 참이다.'는 뜻이 되는 겁니다.

앞서 얘기했듯 유클리드의 《원론》은 다섯 개의 공리를 바탕으로 이루어져 있는데요. 그 공리들이 뭔지 한번 알아볼까요?

1. 동일한 것과 같은 것들은 모두 서로 같다. 즉 A=B이고 C=B이면 A=C이다.

2. 같은 것에 어떤 같은 것을 더하면, 그 전체는 서로 같다.

3. 같은 것에서 어떤 같은 것을 빼면, 그 나머지는 서로 같다.

4. 서로 일치하는 것들은 서로 같다.

5. 전체는 부분보다 크다.

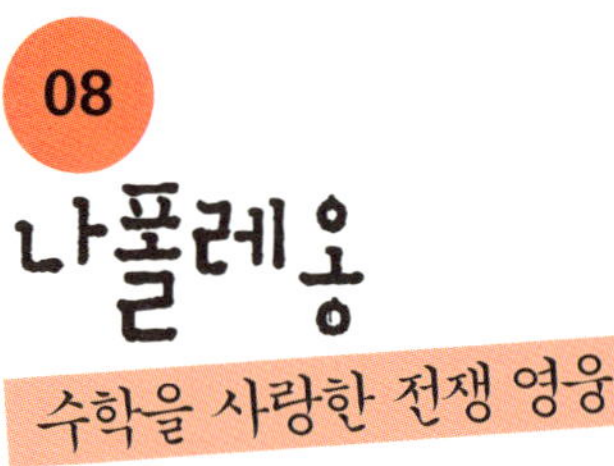

08 나폴레옹

수학을 사랑한 전쟁 영웅

1769년, 당시 프랑스의 식민지였던 코르시카섬의 귀족 집안에서 둘째 아들로 태어난 한 아이는 브리엔의 사관학교에서 유년시절을 보내며 16세가 되던 해에 학교를 졸업했다. 이른 나이에 학교를 졸업한 우수한 학생이었던 그는 포병대에 소위로 배치된다.

당시에 포병대는 최고의 엘리트 부대였다. 이 졸업생은 빈약한 몸에 키가 매우 작았으며, 심지어 학업성적이 우수한 것도, 집안이 그만큼 힘이 있던 것도 아니었다. 그러나 그에게는 단 한 가지 특출한 것이 있었다. 그건 바로 수학이었다.

16세의 나이로 포병대 소위에 배정된 남자. 엄청난 수학 실력 덕분에 파견된 툴롱전투를 승리로 이끌고, 이를 바탕으로 순식간에 전쟁 영웅이 되어 훗날 황제의 자리에까지 오른 남자. 보나파르트 나폴레옹과 관련된 수학 이야기를 해 보고자 한다.

보나파르트 가문의 둘째 아들

나폴레옹이 태어난 코르시카섬은 본래 이탈리아의 영토였다. 그러나 나폴레옹이 태어나기 1년 전에 이탈리아가 이 섬을 프랑스에게 팔아버림으로써 나폴레옹은 프랑스의 아들로 태어났다.

코르시카섬의 지방귀족인 샤롤 보나파르트는 코르시카의 독립운동이 연이어 실패하자 가문의 사람들을 이끌고 프랑스로 넘어간다. 그렇게 나폴레옹은 어린 나이에 사관학교로 보내져 군인의 길을 걷게 된다.

지방귀족의 자제이긴 했지만 나폴레옹의 가문은 그렇게까지 힘이 있는 가문은 아니었다. 그가 소속된 사관학교는 엄청난 가문의 자제들이 대부분이었기 때문에 어린 나폴레옹은 동기들로부터 시골뜨기라는 놀림을 당하며 외로운 학창시절을 보내야만 했다.

작은 키에 허약한 몸. 16세의 나이로 학교를 졸업했을 당시 그 누구도 나폴레옹이 훌륭한 군인이 될 거라 생각지 못했을 것이다. 그러나 소위로 포병대에 임관하고 8년 뒤인 1793년, 나폴레옹은 툴롱에서 영국군을 몰아내는 공을 세움으로써 프랑스 혁명군에 혜성처럼 등장한 영웅이 된다.

나폴레옹 탄생 배경이 된 프랑스 혁명

나폴레옹이 탄생한 배경에는 프랑스 혁명이 있었어요. 때는 1789년, 프랑스의 국왕이었던 루이 16세는 미국 독립전쟁에 많은 지원을 하면서 프랑스의 경제는 크게 휘청이게 됩니다. 미국을 돕기 위해 국가 예산의 4년 치에 맞먹는 거액을 쏟아부었습니다. 그러나 어려운 나라 살림과 달리 루이 16세를 비롯한 귀족들의 사치는 여전했어요. 프랑스의 국민들은 당장 먹을 빵이 없어 굶주리고 있었지만 왕과 귀족들은 그런 국민들에게는 아무런 관심도 주지 않았죠.

비참함을 넘어 참혹한 하루하루를 살아가던 프랑스 시민들은 결국 국민의회를 만들어 왕이 독차지하는 권력을 저지하기 위해 움직입니다. 그러나 루이 16세가 이를 가만둘 리 없었죠. 그는 군대를 동원해 의회를 해산시키려 들고, 이에 시민들은 바스티유 감옥을 습격합니다. 당시 바스티유 감옥은 정치범을 가두던 곳으로 이는 곧 루이 16세가 휘두르던 폭정의 상징과 같은 곳이었어요.

이렇게 시작된 프랑스 혁명의 불길은 '모든 인간은 자유롭고 평등하며, 나라의 권력은 국민에게 있다.' 라는 내용의 '인권선언' 의 발표로 이어졌습니다. 인권선언은 곧 혁명의 가속화와 더불어 왕정 폐지, 공화정 선포를 이끌어내는 기점이 되었죠.

대포의 달인, 프랑스 혁명의 사령관이 되다

나폴레옹이 소속된 포병대
가 엘리트 부대였던 이유는
당시 전쟁에서 제일가는 무기
가 바로 대포였기 때문이다.
포병 장교에게 가장 필요한
것은 적군이 있는 지점에 정

확하게 포탄을 떨어뜨리는 것이었고 이를 위해선 뛰어난 수학 실
력을 갖춰야만 했다.

아군의 대포가 위치한 지형과 적군이 위치한 지형의 파악, 그리
고 포탄이 날아가는 진로까지, 수학적 계산 없이는 정확히 포탄을
날리는 것이 불가능했다. 때문에 나폴레옹은 수학을 제외한 모든
과목이 낙제였음에도 어린 나이에 학교를 졸업해 포병대에 배치될
수 있었던 것이다.

툴롱 전투에 투입된 나폴레옹은 즉각 아군의 대포가 위치한 곳
이 적군을 공격할 수 없는 지형임을 파악하고 포의 배치를 바꾸는
것으로 승리의 기반을 닦았다. 수학 이론을 전투에 적용시키는 데
에 천부적인 소질을 갖고 있던 그는 포의 배치와 각도 등 탁월한 실
력으로 전쟁에서 활약을 펼치기 시작했고 순식간에 영웅이 될 수
있었다.

나폴레옹이 영웅으로 자리 잡게 된 툴롱 전투가 있던 해, 1793년은 루이 16세가 시민들에 의한 혁명정부의 손에 처형되던 해였다. 왕을 잃게 된 프랑스 의회는 갈피를 잡지 못하고 우왕좌왕했고, 혁명정부는 사회개혁을 곧장 시작하자는 사람들과 조금씩 개혁해 나가자는 사람으로 나뉘어 대립각을 세웠다. 그뿐만 아니라 다시 옛 지위를 되찾으려는 귀족들의 반란, 프랑스 혁명의 성공으로 왕권의 위협을 느낀 유럽의 다른 나라들의 공격까지 엎친 데 덮친 격으로 받게 되어 프랑스는 그야말로 혼란의 도가니에 빠진다.

프랑스는 다른 나라들의 공격에 맞서기로 하고 툴롱의 영웅이었던 나폴레옹에게 이탈리아 원정의 사령관을 맡긴다. 프랑스 시민들의 운명을 짊어지고 사령관을 맡게 된 나폴레옹은 역시나 천부적인 전략가로서의 두뇌와 수학적 지식을 활용하여 진격에 진격을 거듭했다. 나폴레옹이 이끄는 프랑스군은 이탈리아를 정복하고 독일로 그 방향을 바꾸기에 이른다.

승승장구하던 나폴레옹의 프랑스 군대였지만 독일군을 만나 처음으로 위기를 맞는다. 라인강을 사이에 두고 독일군과 대치하게 된 프랑스군의 포탄이 강 건너 독일군에게 닿지 않았던 것이다. 연승을 계속하던 프랑스군은 갑작스러운 열세로 혼란에 빠졌지만, 나폴레옹은 홀로 침착함을 유지했다. 나폴레옹은 갑자기 강 한쪽 끝에 서더니 모자를 벗어 들어 이리저리 움직였다. 그리고 한편으로는 병사들을 어느 지점으로 보내어 거리를 재게 했다. 프랑스군

은 사령관의 행동을 이해할 수 없었지만, 그가 시키는 대로 움직였다. 잠시 후, 나폴레옹은 포의 위치를 옮긴 뒤 포격을 명령했고 조금 전까지만 해도 닿지 않았던 독일군에게 포탄을 퍼부어 승리할 수 있었다.

프랑스군이 처음에 독일군을 공격할 수 없었던 이유는 나폴레옹이 프랑스 군의 대포와 라인강 건너편에 위치한 독일군의 거리를 실제로 재볼 수 없었기 때문이다. 그렇다면 나폴레옹은 아무런 측정 장비 없이 어떻게 거리를 계산해서 포의 위치를 조정했던 걸까?

나폴레옹은 먼저 강의 한쪽 끝으로 달려가 스스로의 몸을 삼각형의 한 변으로 삼았다. 그리고 모자를 벗어 그 끝을 강의 반대쪽 끝과 만나게 조정하여 하나의 삼각형을 만들고, 그 자리에서 뒤를 돌아 같은 방법으로 프랑스군 쪽으로 삼각형 하나를 더 만들었다.

강의 너비를 직접 잴 수 없었기에 반대 방향으로 모자의 끝이 가리키는 지점에 병사들을 보내어 직접 거리를 재게 했고 두 개의 삼각형이 서로 합동이라는 사실을 바탕으로 강 너비를 알아냈던 것이다.

나폴레옹은 수학에서 어떤 정리를 증명하는 것이 전쟁에서 전략을 짜는 것과 비슷하다 생각했으며, 그런 만큼 전쟁 중에도 수학 공부를 쉬지 않았다. 결국 그는 연이은 승리를 바탕으로 1804년에 스스로 당당하게 프랑스의 황제에 올랐다.

나폴레옹의 정리와 문제, 그리고 에콜 폴리테크닉

나폴레옹은 기하학에 관심이 많았고 수학 문제 풀기가 취미였을 정도로 수학을 좋아했다고 한다. 앞의 강 너비 구하기에서 삼각형의 합동과 피타고라스 정리, 그리고 삼각법과 같은 이론을 이용했듯이 대포를 쏠 때는 포물선 이론과 탄도학을 적극 활용했을 것이다. 심지어 '나폴레옹의 정리'라는 이름의 이론과 '나폴레옹의 문제'까지 있을 정도다. 먼저 '나폴레옹의 정리'부터 살펴보자.

"어떤 삼각형 ABC의 외부에 있는 점 X, Y, Z에 대하여 삼각형 XBC, YAC, ZAB가 모두 정삼각형이면 세 정삼각형 XBC, YAC, ZAB의 무게

중심을 이어 새롭게 탄생한 삼각형
PQR은 항상 정삼각형이다."

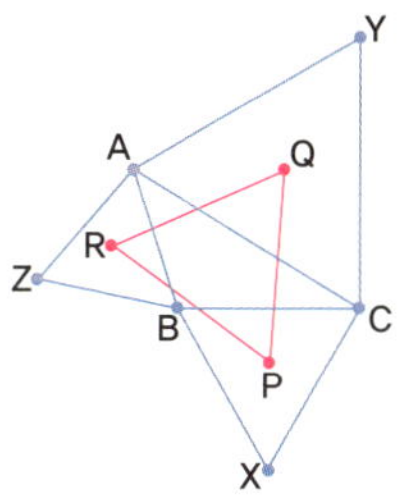

'나폴레옹의 정리'와 함께 '나폴레옹의 문제' 또한 매우 유명하다. 이 문제는 나폴레옹이 이탈리아 원정을 하던 중, 이탈리아 수학자인 '로렌초 마스케로니(Lorenzo Mascheroni)'를 만나 작도(눈금이 없는 자와 컴퍼스만을 사용해 주어진 조건에 맞춘 도형을 그리는 것)를 이용한 수학 문제에 심취했던 시기에 만들어진 것이다. 한창 작도 수학에 재미를 붙이던 나폴레옹은 문득 한 가지 의문이 들었다. '자 없이 컴퍼스만으로 작도가 가능할까?' 여기에 한 가지 의문이 더 떠올랐다. '만약 이것이 가능하다면, 주어진 원에 내접하는 정사각형을 컴퍼스만으로 작도할 수 있을까?' 하는 것. 궁금한 건 절대 참지 못했던 나폴레옹은 당장 마스케로니를 찾아가 수시로 그를 괴롭혀댔고, 답을 들을 때까지 그를 따라다녔다.

그리고 결국 마스케로니는 '컴퍼스의 기하학(Geometria del Compasso)'을 써서 눈금 없는 자와 컴퍼스만을 사용해 작도할 수 있는 것은 컴퍼스만을 사용해도 작도할 수 있다는 사실을 증명하는 데에 성공한다. 이후 이 정리는 '마스케로니의 정리'로 불리게 되었으며 마스케로니가 이 정리를 긴 송시와 함께 나폴레옹에게 헌정한 일화로 전해지게 되었다.

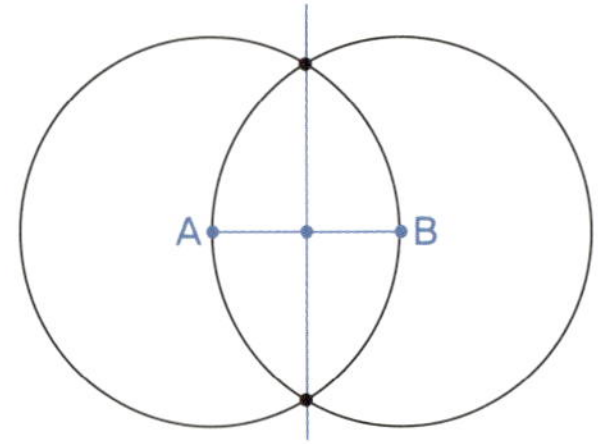

1. 점 A를 중심으로 하고 선분 AB를 반지름으로 하는 원을 그린다.

2. 점 B를 중심으로 하고 선분 AB를 반지름으로 하는 원을 그린다.

3. 두 원의 교점을 잇는 직선을 긋는다

4. 선분 AB와 직선의 교점이 구하는 이등분점이다.

(출처: 네이버 지식백과, 이하 동일)

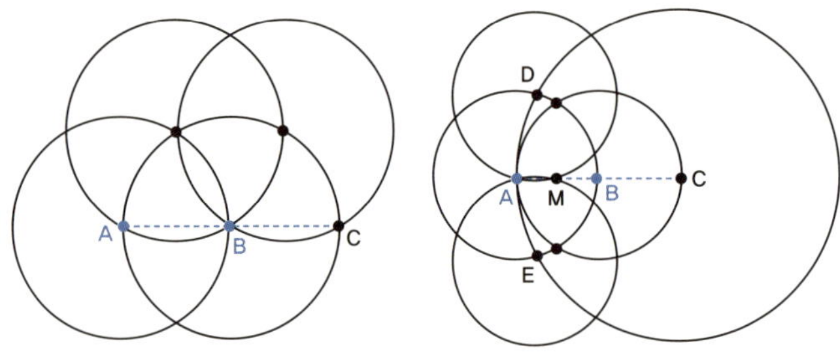

1. 먼저, 점 A와 점 B를 중심으로 하고 선분 AB를 반지름으로 하는 원을 반복해서 그려 점 C를 찾는다. 이 점은 선분 AB의 연장선 위에 있으며 점 A의 반대쪽에 있다.

2. 점 C를 중심으로 하고 선분 AC를 반지름으로 하는 원을 그려, 처음에 그린 원(중심 A, 반지름 AB)과 만나는 점을 각각 D와 E라 하자.

3. 점 D를 중심으로 하고 선분 AD를 반지름으로 하는 원과, 점 E를 중심으로 하고 선분 AE를 반지름으로 하는 원을 그린다.

4. 위 두 원의 교점 M이 바로 구하는 이등분점이다.

첫 번째 그림은 두 점을 잇는 선분을 이등분하는 점을 컴퍼스와 자를 모두 쓸 수 있는 경우에 작도하는 방법이며, 두 번째 그림은 컴퍼스만으로 이등분점을 찾는 방법이다. 도구 하나가 없다는 사실이 이처럼 복잡한 과정을 요구한다는 것도 놀랍지만 정말 컴퍼스 하나만으로 작도가 가능하다는 것은 더욱 놀라운 발견이었다.

1. 원 위의 한 점 A에서 출발하여 반지름 OA인 원을 차례로 그려, 점 B, 점 C, 점 D를 찾는다. 이때 선분 AD는 이 원의 지름이 된다.

2. 점 A를 중심으로 하고 반지름 AC인 원과 점 D를 중심으로 하고 반지름 BD인 원을 그려, 그 교점을 E라 한다.

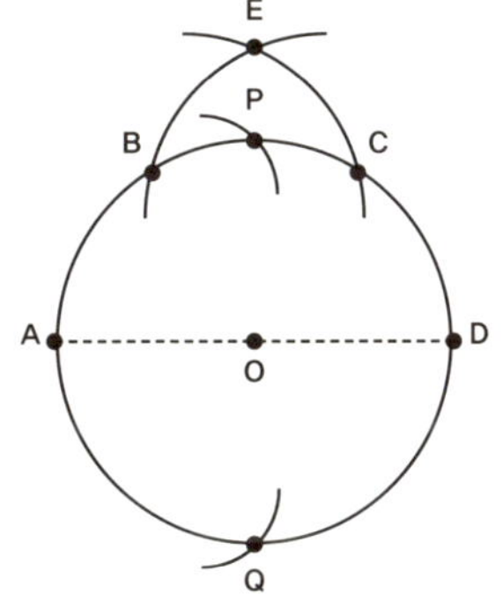

3. 점 A를 중심으로 하고 선분 OE를 반지름으로 하는 원을 그려 처음의 원과 만나는 점을 P와 Q라 하면, 사각형 AQDP는 정사각형이 된다.

앞의 그림은 나폴레옹이 낸 문제, '주어진 원에 내접하는 정사각형을 컴퍼스만으로 작도하라'는 문제의 해답이다. 이처럼 마스케로니에게 나폴레옹이 제시한 과제는 '마스케로니의 정리'를 이끌어냄과 더불어 '나폴레옹의 문제'라는 이름으로 현대까지 내려오게 되었다.

마스케로니가 컴퍼스만으로 작도법을 증명했다는 것은 놀라운 업적이지만 정말 놀라운 사실은 따로 있었다는 걸 아시나요? 그건 바로 '마스케로니의 정리'가 마스케로니보다 125년 앞선 시대의 수학자였던 '예르겐 모르(Jørgen Mohr)'에 의해 먼저 증명됐던 정리라는 거예요. 그렇다면 마스케로니가 표절을? 그건 절대 아닙니다. 그렇다면 이게 어찌 된 일일까요? 125년이나 일찍 증명되었던 정리를 마스케로니도, 나폴레옹도 몰랐다니 말이죠. 그건 덴마크의 수학자였던 예르겐 모르가 알려지지 않은 수학자였기 때문이랍니다. 예르겐 모르는 1672년에 《덴마크의 유클리드(Eucildes Danicus)》라는 책에 마스케로니가 증명한 것과 같은 결과를 실었지만, 그의 책은 동시대의 유명한 수학자였던 라이프니츠의 편지에만 한 번 언급될 뿐, 긴 세월 동안 그의 존재는 아무도 몰랐어요.

당시의 이름 있는 저서들은 모두 라틴어로 쓰였는데, 예르겐 모르의 책은 덴마크어, 네덜란드어로 쓰이다 보니 덜 알려진 것도 이유가 될 것 같네요. 1928년, 덴마크의 한 헌책방에서 발견되고서야 비로소 그의 존재를 알게 됐다고 하니 그에게는 참 안타까운 일이죠. 125년 동안 그 누구도 여기에 대해 궁금해 하거나 혹은 답을 찾은 사람이 없었다는 뜻도 되니 그것도 신기한 일인 것 같아요.

승승장구하던 끝에 황제의 자리에 오른 나폴레옹은 스스로가 전쟁에서 적극 활용했던 수학이야말로 국력과 직결될 정도의 학문이라 생각했다.

"수학의 발전은 국가의 번영을 좌우한다. 수학은 국력이다."_나폴레옹

1794년 9월에 나폴레옹이 설립한 종합기술대학인 '에콜 폴리테크닉(École Polytechnique)'은 '조국, 과학, 영광을 위하여'라는 이름 아래 200년이 지난 현재까지 고위급 장교들을 비롯한 산업계의 엘리트 엔지니어, 행정부 과학기술 부서의 엘리트 엔지니어 등 프랑스의 과학 인력 엘리트 양성기관으로 굳건히 자리를 지키고 있다.

프랑스의 혁명 기념일인 7월 4일에 샹젤리제 거리에서 군복을 입고 퍼레이드를 펼치는 이들은 에콜 폴리테크닉의 학생들이며, 프랑스 대기업 종사자의 50%는 에콜 폴리테크닉 출신일 정도다. 세계적인 기업으로 꼽히는 에어버스, 알카델, PSA, 푸조시트로엥과 에어프랑스, BNP파리바, 르노의 직원 중 상당수가 에콜 폴리테크닉의 졸업생이며 프랑스가 자랑하는 고속도로인 테제베(TGV), 아리안 우주로켓 등 에콜 폴리테크닉이 이뤄낸 교육 업적은 이루 셀 수 없을 정도다.

무엇보다 에콜 폴리테크닉을 모델로 독일에 세워진 많은 고등공업학교가 공과대학의 설립으로 이어졌다는 것이나, 미국의 MIT 역

시 에콜 폴리테크닉의 영향을 받은 것만 보아도 이 학교가 얼마나 세계적으로 영향을 끼쳤는지 알 수 있다. 뿐만 아니라 '로랑 슈바르츠(Laurent Schwartz)'나 '장크리스토프 요코즈(Jean-Christophe Yoccoz)'와 같은 필즈상 수상자들을 배출한 것 또한 에콜 폴리테크닉의 위상을 잘 보여 준다.

대학입시에 수학을 포함시킨 최초의 인물 역시 나폴레옹이다. 당시만 하더라도 유럽의 교육은 문학과 어학이 중심이었기에 나폴레옹의 이와 같은 결정은 매우 획기적이면서도 대담한 결정이었다.

이처럼 에콜 폴리테크닉의 업적과 더불어 현재까지도 프랑스의 수학 수준이 국제적으로 최상위에 있는 것은 역사적인 관점으로 지도자가 학문에 어떤 생각을 갖느냐에 따라 그 발전이 얼마나 좌우될 수 있는가를 보여 주는 좋은 예다.

나폴레옹의 수학자들: 몽주, 라플라스, 푸리에

수학에 대한 열정이 어찌나 대단한지, 섬으로 유배를 가는 중에도 수학 문제를 풀었다고 전해지는 나폴레옹. 그는 독일과의 전쟁 때도 대(大) 수학자 가우스(Carl Friedrich Gauss)가 살고 있는 마을은 공격하지 않았을 정도였다. 이렇게 수학을 중시했던 만큼 나폴레옹은 수학자와 과학자들 역시 매우 우대했다. 그는 종종 수학자들과 수학 문제 내기를 즐기며 친분을 다졌다. 특히나 '가스파르 몽주(Gaspard Monge)', '피에르 시몽 라플라스(Pierre Simon Laplace)', '조제프 푸리에(Jean Baptiste Joseph Fourier)' 이 세 명의 수학자들과 남다른 친분을 유지하며 그들을 국가 요직에 앉히기도 했다.

먼저 적분기하학의 선구자인 몽주. 그는 나폴레옹의 과학 참모 역을 맡을 정도로 나폴레옹의 핵심적인 인물이자 수학자였고, 평생 그의 친구였다. 나폴레옹이 집권할 당시에는 탄도학뿐 아니라 측지학, 건축학, 지도 제작법 등 군사과학이 발전하면서 기하학도 발전했는데, 몽주가 그 중심에서 활약하게 된다. 소규모 전쟁과 달리 징병제로 모은 수십만 대군을 동원하는 대규모 전쟁이 진행되면서 상세한 지도가 필요했던 나폴레옹은 '지형도가 곧 군대의 눈!'이라며 더욱 정교한 지도를 만들라고 명령했다. 이때부터 측지학이 급격히 발전하기 시작했던 것이다. 정밀한 지도를 제작하려면 먼저 곡면인 지구 표면의 성질을 밝혀야만 했다. 그래서 이 곡면 공간에 관련된 곡면기하학이 중요한 연구로 등장하게 되었고, 이것이 바로 미분기하학의 출발이 되었다. 몽주는 젊은 나이에 '화법기하학'을 창시했을 뿐 아니라 미분기하학을 발전시키고 수학의 제도화에도 크게 공헌했다. 나폴레옹 정권 아래에서 몽주는 에콜 폴리테크닉의 교장, 상원의원 등 승승장구를 거듭하며 나폴레옹의 과학 고문으로서 중추적인 역할을 수행했다. 나폴레옹이 황제가 된 뒤에는 프랑스의 최고 훈장으로 꼽히는 '레종 되뇌르(La Legion d'honneur)'를 받았다.

그러나 나폴레옹이 몰락하자 몽주 역시 쇠락의 길을 걷게 되었다. 나폴레옹의 러시아 원정 실패 이후 1814년 3월 결국 파리는 함락되고 나폴레옹은 엘바섬으로 귀양을 가게 되었다. 나폴레옹이 탈출하자 몽주는 다시 희망을 걸었으나, 백일천하로 끝나고 워털루의 패전으로 나폴레옹은 결국 세인트헬레나섬으로 유배되었다. 이후 부활한 부르봉 왕조에 의해 몽주는 모든 공직에서 추방되었고, 왕당파의 추적을 피해 빈민굴을 전전하다가 72세의 나이로 비참한 최후를 맞았다. 지조를 잃지 않고 충신의 삶을 살았던 몽주는 그렇게 나폴레옹과 운명을 같이 했던 것이다.

라플라스는 일명 프랑스의 뉴턴이라 불리는 수학자로 뉴턴의 고전역학을 계승하여 발전시킨 수리물리학의 대가다.

"우주의 모든 물체들의 초기조건을 알고 그것들에 적용되는 운동방정식을 동시에 풀 수 있다면, 앞으로 일어날 모든 일들을 예측할 수 있다."

그가 남긴 이 말은 근대사회의 세계관인 '기계적 결정론'의 패러다임을 대표하는 유명한 말이다. 나폴레옹 아래에서 라플라스는 내무장관, 상원의원, 상원부의장을 거쳐 백작의 작위까지 수여받았으며 나폴레옹을 찬양하는 헌사를 넣어 《천체역학론》을 완성해 나폴레옹에게 바치기도 했다.

그러나 나폴레옹이 라이프치히 전투에서 패하고 유럽 동맹군이 파리로 입성하자, 그는 재빠르게 나폴레옹의 퇴위에 찬성했다. 그뿐 아니라 부르봉 왕조가 다시 부활하자 루이 18세에게 충성을 맹세하는가 하면, 이후 출간된 《천체역학론》 재판본에서 나폴레옹에게 바치는 헌사 부분을 루이 18세에게 바치는 헌사로 바꿔 버리기까지 했다. 그렇게 그는 복고 왕정 시대에도 높은 지위를 유지한 채 출세하여 후작의 지위까지 얻었다. 이처럼 약삭빠른 처신으로 화려하고 평온한 생애를 보낸 라플라스지만 후세 사람들에게는 자기 잇속만 챙기는 기회주의자로 두고두고 얘깃거리가 되고 있는 인물이다.

푸리에는 광학과 물리학, 그리고 공학 분야에서 현재까지도 응용되고 있는 '푸리에 급수'라 불리는 수학적 수단을 남긴 것으로 유명하다. 그의 '열전도 이론' 또한 높은 평가를 받으며 그의 업적으로 남아 있다. 혁명정부 아래서 그는 에콜 폴리테크닉의 수학 교수가 되었고, 이후 나폴레옹의 이집트 원정 시 몽주와 함께 문화 사절단의 일원으로 참여하게 되었다. 푸리에는 나폴레옹이 프랑스로 돌아간 후에도 이집트에 남아서 일하다가 귀국 후 이제르 현의 지사로 임명되었다. 푸리에는 나폴레옹으로부터 남작의 지위를 받을 정도로 총애를 받았지만 나폴레옹이 실각하여 유배당하자 루이 18세에게 충성을 맹세해 자리를 보전하는 등 박쥐 같은 모습을 보였다. 이후 유배지를 탈출한 나폴레옹에게 체포되자 다시 나폴레옹에게 충성을 맹세하지만, 나폴레옹의 부활이 백일천하로 끝나버린 탓에 결국 푸리에는 루이 18세로부터 모든 공직에서 추방되고 말았다. 그는 정치적 격변기 속에서 우왕좌왕하다가 도리어 배척을 받는 등 어찌 보면 불행한 인물이었다고도 볼 수 있다.

나폴레옹의 수학자들처럼 역사적 인물들이 시대의 조류에 대처하는 방식이나 처세는 실로 천차만별이다. 몽주처럼 끝까지 일관된 신념과 정치적 지조를 지키다가 불행하게 삶을 마치는 사람들도 있고, 라플라스나 푸리에처럼 자신의 권력과 부귀영화를 유지하고자 신념을 버리고 변절하는 이들도 있다. 그들의 대조적인 처신과 그로 인한 엇갈린 운명을 살펴보는 것도 나름대로 역사적 의미가 있을 듯싶다.

〈영웅〉의 첫 장을 찢어버린 베토벤

혁명 초기만 하더라도 오합지졸이나 다름없던 프랑스군을 이끌고 승승장구했던 나폴레옹. 그러나 그는 지나친 야망을 주체하지 못하고 스스로 황제에 오르며 비참한 운명을 자초했습니다. '칼로 흥한 자 칼로 망한다.'는 말처럼, 나폴레옹의 과욕은 군사들의 피로 누적, 전쟁 패배로 이어졌고 결국 황제의 자리에서 추락해 세인트헬레나섬에 유배되어 생을 마감하는 것으로 마침표를 찍었죠.

나폴레옹이 프랑스 혁명군을 이끌고 승전을 계속하던 무렵, 그가 황제라는 야욕을 보이지 않던 그때만 하더라도 베토벤은 나폴레옹을 찬양하기 위해 교향곡 제3번인 〈영웅〉을 작곡했어요. 그러나 이후에 나폴레옹이 황제가 되었다는 말을 듣고는 〈영웅〉의 첫 장을 찢어버렸다고 합니다. 〈영웅〉의 첫 장에는 "나폴레옹에게 바친다."라는 글이 적혀 있었고, 베토벤은 영웅이 독재자가 되어버린 것을 참을 수 없었기 때문이죠.

세종대왕

조선시대의 수학 시험

조선의 제4대 왕, 세종대왕을 모르는 사람이 있을까? 세종대왕은 조선시대의 많은 왕 중에서도 학문과 관련된 여러 업적을 남긴 것으로 잘 알려져 있다. 그렇다면 '세종대왕'이 남긴 업적 중 가장 먼저 떠오르는 것은 무엇일까? 그렇다. 바로 훈민정음이다. 그렇다면 다른 업적들은? 해시계, 물시계, 측우기 등 과학과 관련된 여러 이야기가 떠오를 것이다. 여기서 나는 한 가지 궁금해졌다. 과연 세종대왕의 수학 실력은 어땠을까? 수학이 과학과 떼려야 뗄 수 없는 학문이라는 것을 우리는 이미 잘 알고 있다. 그러니 당연히 세종은 수학도 잘하지 않았을까? 훈민정음을 완성할 만큼 문과적 두뇌가 뛰어났으니, 수학도 뛰어나지 않았을까?

모든 일의 기초는 수학이다.

답부터 이야기하자면 "그렇다!"이다. 즉 세종대왕은 수학이라는 학문을 할 줄 알았으며 심지어 실력도 매우 뛰어났다. 세종이 각종 과학기구를 발명하도록 지시한 것은 그가 수학을 기반으로 한 높은 과학적 지식을 갖고 있었기에 가능했다.

과학을 기반으로 한 수많은 발명품은 측정법과 같은 계산법이 기본적인 원리로 이용된다. 세종은 각종 학문과 더불어 수학도 열심히 공부했고, 수학이야말로 여러 분야에서 나라를 위한 일들에 기초가 되는 학문이라 믿어 의심치 않았다. 밤낮을 가리지 않고 수학 공부에 열을 올리던 세종의 모습을 본 신하들은 아래와 같은 말로 그를 만류할 정도였다.

"왕이시여, 처리하실 일이 산더미입니다. 한데 어찌하여 수학 같은 학문을 공부하신다고 밤낮을 몰두하십니까. 수학은 실제로 그 일을 처리하는 관리들만 알면 되는 학문이 아닙니까?"

그러자 신하들의 말을 들은 세종은 다시 아래와 같이 답했고, 그들은 아무 말도 하지 못한 채 물러났다고 한다.

"임금이 직접 수학을 필요로 하는 일은 없을 것이나 수학은 중국 고대 성인들이 제정한 학문이니, 나는 이를 배우려 한다."

이 답은 실제로 《조선왕조실록》의 세종 12년(1430년) 10월 23일자로 기록된 것으로 세종이 얼마나 수학에 몰두했었는지를 잘 보여 주는 대목이다. 당시는 유교를 국가의 중심으로 삼던 조선시대였으므로 신하들은 유학이 아닌 수학을 익히는 세종에게 그러지 말라 간언했던 터이다. 그러나 세종은 신하들이 내세운 주장을 그대로 이용해 "유교를 만들고 발전시킨 중국의 성인들 역시 수학을 익혔다."는 것을 바탕으로 자신 또한 그들을 본받아 수학을 익히려 한다며 위트 있게 답을 했던 것이다. 제 꾀에 제가 넘어간 꼴이 되어버린 신하들은 찍소리 못하고 입을 다물 수밖에 없었다.

수학자를 발굴해 역법과 도량형을 정비하다

1422년, 세종이 즉위한 지 4년째 되던 해의 일이다. 그날은 세종과 신하들이 소복을 입고 예식을 준비하고 있었다. 때가 되자, 모두가 하늘을 쳐다보며 태양이 가려지는 순간을 기다렸다. 바로 달이 해를 가리는 현상, 일식을 기다렸던 것이다. 해와 지구 사이에 달이 끼어들면서 일식이 진행되면 환한 대낮인데도 일시적으로 깜깜해진다. 서운관은 1422년 음력 1월 1일에 이 일식이 발생할 것이라고 세종에게 보고했다. 그 당시 일식은 단순한 자연현상이 아니라 하늘의 뜻을 받은 왕이 통치를 잘못하여 일어나는 재해로 받아들여졌다. 이 때문에 일식이 일어날 때를 미리 예측해 왕과 신하들이 예를 갖추어 의식을 준비했던 것이다.

그런데 예측한 시각이 지나도록 일식은 일어나지 않았다. 신하들의 표정은 점점 어두워졌고 급기야 세종의 이마에서는 땀까지 흘러내렸다. 그날은 예측한 시각으로부터 1각(刻, 오늘날의 시간 단

천문학이란?

천문학이란 간단히 말해, 천체에서 일어나는 현상을 연구하여 규명하는 학문을 말합니다. 지구를 제외한 모든 것을 다루는 학문이라 할 수 있겠네요. 세종대왕은 그 당시 전 세계적으로도 가장 훌륭한 천문학자였다고 알려져 있답니다. 가장 오래된 학문이라 일컬어질 만큼 이 천문학은 오래된 역사를 가지고 있습니다. 무엇보다 우리의 일상생활과 너무나 가까운 학문이기 때문입니다. 농경 사회에서는 씨를 뿌리고 수확하는 시기를 정확히 알기 위해서 정확한 역서가 필요했는데, 이 시간을 재는 역법의 필요성에 의해 천문학이 시작되었으리라 추측되죠. 특히 동양 국가에서는 천문학을 제왕의 학문이라 여겨 왕실에서 직접 관장했다고 하네요. 오늘날 천문학은 항해나 측지 등에도 아주 유용하게 쓰인답니다.

위로는 14.4분)이 늦어져서야 태양이 서서히 가려지기 시작했다. 모든 의식이 끝난 후 세종대왕은 빗나간 예측 탓에 곤욕을 치르게 되었다. 신하들은 세종대왕에게 일식을 잘못 예측한 관리를 벌해야 한다고 주장했고,《조선왕조실록》의 기록에 따르면 1각을 늦게 예측한 책임을 물어 일식 담당인 이천봉(李天奉)에게 곤장을 쳤다고 전해진다.

그날 이후 세종대왕은 일식 예측에 실패한 것이 잘못된 역법 때문이라고 생각했다. 역법은 오늘날 '달력을 만드는 방법'을 의미하기도 하지만 천문학 이론, 관측, 계산법이 총망라된 천문학 지식의 총체적 체계를 뜻한다.

당시에는 중국의 역법을 이용했는데, 위도와 경도 차이로 인해 정확한 예측이 불가능했다. 그래서 세종대왕은 우리나라에 알맞은 역법을 만들기 위해 유능한 수학자를 발굴하려고 애썼다. 그 대표적인 인물이 바로 천문학자 이순지와 김담이었다.

일식과 월식의 계산은 매우 복잡한 원리와 계산식이 적용되어야만 했기 때문에 천문학 이론을 바탕으로 고도의 수학적 계산이 필수였다. 특히 개방술(開方術)이라는 방법이 필요했는데, 이는 고차방정식을 풀어내는 복잡한 계산법이었다. 하지만 당시 우리나라의 수학 실력으로는 방정식은 세울 수 있었지만 고차방정식을 풀어낼 수는 없었다. 세종대왕은 이순지와 김담에게 최신 역법 정보를 모아 우리나라만의 독자적인 계산법을 만들도록 독려했다. 그렇게 탄생한 것이 바로《칠정산외편(七政算外篇)》이다. 이 역서에는 고차방정식, 삼각함수, 제곱근을 이용해 1년의 길이와 일식 등 여러 자연현상을 예측할 수 있는 방법이 소개되어 있다. 오늘날의 1년 기준과 단 1초밖에 차이가 나지 않을 정도로 정확하다는 평가를 받고 있다.

세종대왕의 수학에 대한 열정은 도량형 정비로도 이어졌다. 도량형은 길이, 부피, 무게, 또는 이를 재고 다는 기구나 그 단위법을 이르는 말이다. 쉽게 말해 길이를 재는 도(度), 부피를 재는 양(量), 무게를 다는 형(衡)을 합쳐 도량형이라 부른다. 당시에는 지역에 따라 무게, 길이, 들이의 단위가 달라서 부당하게 많은 세금을 걷거나 비싼 가격에 물건을 파는 등 많은 문제가 야기되었다. 그래서 세종대왕은 먼저 음악가 박연을 불러 '황종척(黃鐘尺)'이라는 길이 단위를 새로 만들었다. 조선시대에는 12음계를 썼는데 이때 기준 음이 되는 황종음을 내는 '황종관(黃鐘管)'을 기준으로 도량형 기준을 새로 정한 것이었다. 황종관은 원통형의 관인데, 황해도 해주에서 나는 곡물인 기장을 중간 크기로 골라서 90알을 늘여 놓은 길이였다고 한다. 박연은 기장 알 100개 길이를 1황종척(약 34.48cm)으로 삼았다. 이 황종관은 부피와 무게를 재는 단위의 기준으로도 사용되었다. 황종관에 기장 알을 넣으면 1,200개가 들어갈 수 있었는데, 이때의 부피를 1작(勺)으로 정했다. 그리고 10작을 1홉, 10홉을 1되, 10되를 1말로 정했으며, 15말을 작은 섬, 20말을 큰 섬으로 정했다. 또한 무게의 단위는 기장 알 1,200개가 들어가는 황종관에 물을 가득 채워 그 물의 무게를 88분(分)으로 정했다. 그리고 10리(釐)를 1분, 10분을 1전(錢), 10전을 1량(兩), 16량을 1근(斤)으로 정했다.

이처럼 도량형의 표준화도 세종대왕이 이룩한 중요한 성과 중 하나이며 이 시대 조선의 과학은 세계 최고의 수준이라 할 정도로 평가되고 있다.

암행어사의 필수품은 '마패'와 '유척'이었다.

암행어사라 하면, 대부분의 사람들은 가장 먼저 마패를 떠올리죠? 하지만 마패 말고도 암행어사를 상징하는 물건이 또 있었으니, 바로 유척(鍮尺)입니다. 유척은 20cm 정도 길이의 놋쇠로 만든 사각 금속 막대로, 조선 도량형 제도의 표준이 되는 '자'입니다. 악기 제조에 쓰였던 황종척, 곡식의 양을 재는 데 사용된 영조척, 포목의 길이를 재는 포백척, 제사 관련 물품을 제작할 때 쓰던 예기척, 토지 길이를 쟀던 주척 등 다섯 가지 자가 새겨져 있는 것이 특징이죠. 즉 그 당시 유척은 길이를 측정하는 표준 도구였습니다.

동서고금을 막론하고 지배층이 피지배층을 괴롭히는 가장 손쉬운 방법은 도량형을 속이는 것입니다. 지방 관리들이 세금을 걷을 때 부피나 무게를 속여 징수하면 손쉽게 재물을 착복할 수 있었습니다. 이러한 부패를 단속하기 위해 암행어사는 마패와 함께 유척을 들고 다녔다고 전해집니다.

지역, 왕조, 정부마다 이 도량형이 다르면 사회적으로 혼란이 야기되었는데요. 진시황이 천하를 통일한 뒤 가장 먼저 도량형을 통일한 일도, 갑오개혁 때 도량형을 혁신한 일도 이 같은 혼란을 미연에 방지하기 위함이었죠.

도량형을 둘러싼 혼란은 18세기 말 프랑스에서도 있었습니다. 프랑스 대혁명 뒤 새로운 도량형을 도입하는 일은 가장 시급한 일이었습니다. 그래서 1791년 프랑스 아카데미는 파리를 지나는 사분 자오선(지표면을 따라 북극과 적도를 잇는 선)의 1,000만 분의 1을 길이의 기본 단위로 제안했답니다. 그 명칭이 바로 'm'였어요. 이후 1889년 제1차 국제도량형총회에서 백금과 이리듐의 합금으로 만든 미터원기의 길이를 1m로 정의했답니다.

신하들에게 수학시험을 보게 하다

세종대왕은 당시 집현전의 정3품 당상관이었던 부제학, 정인지로부터 본격적으로 수학을 배우기 시작했다. 부제학은 현대로 치면 대통령의 비서실장과 같은 직위였다. 당시 34세였던 정인지는 우리나라 최초의 독자적 역법서《칠정산 내편》에 참여했던 탄탄한 실력의 수학자였다. 정인지는 이러한 능력을 바탕으로 조선 전기의 문신이자 학자로서 역법을 개정했으며 삼남 지방의 모든 토지를 심사하여 토지의 등급을 정한 사람이기도 하다. 또한 오늘날 한글날이 10월 9일로 제정된 연유도 정인지 때문이다. 정인지의《훈민정음 해례본》서문이 음력 9월 상순, 즉 음력 9월 10일에 쓰였는데, 이를 양력으로 바꾸면 10월 9일이 된다. 정인지는 세종 시대의 과학뿐 아니라 역사학 및 문화 발전 전반에 막대한 공헌을 한 인물이라 할 수 있다. 또 세종과는 더없이 좋은 군신 관계이자 비슷한 나이대로 마음도 잘 맞아 요즘말로 소울메이트라 해도 과언이 아니었다.

《세종실록》의 기록에 따르면, 세종이 한창 중국의 옛 수학책《산학계몽》을 공부할 때 정인지가 그 자리에 대기하고 있다가 세종이 막히는 부분이 있으면 그에 대한 질의를 받았다고 한다. 정인지가 세종의 일대일 맞춤 과외 선생이었던 셈이다. 정인지의 주요 업무는 역법 등의 계산이었는데, 이 분야에서 그는 매우 독보적인 수학

실력을 발휘했다. 이러한 정인지로부터 수학을 배우기 시작한 세종은 이를 바탕으로 다양한 과학 지식과 천문학 지식을 섭렵해 갔다. 그가 신하들에게 지시한 발명품들의 기원은 이처럼 수학에 기반을 두고 있었다.

세종은 1299년, 원나라 시절의 '주세걸'이 저술한《산학계몽(算學啓蒙)》이란 수학책으로 수학을 공부했다. 이 책은 입문서와 함께 그 난이도에 따라 상권, 중권, 하권을 아우른 총 3권으로 이루어진 책이었다. 잠깐《산학계몽》에 실린 문제를 살펴보고 가자.

좋은 말은 하루에 240리를 달리고, 둔한 말은 하루에 150리를 달린다. 둔한 말이 12일을 먼저 달려갔을 때, 좋은 말이 달리기 시작한 지 며칠 만에 둔한 말을 따라잡을 수 있을까?

이 문제는 일차방정식을 활용하여 해결할 수 있다. 좋은 말이 달린 날을 x일이라고 하면, 둔한 말이 달린 날은 (x+12)일이 된다. 좋은 말의 빠르기는 1일 240리, 둔한 말의 빠르기는 1일 150리이므로 좋은 말이 달린 거리는 240x, 둔한 말이 달린 거리는 150(x+12)이다. 따라서 240x = 150(x+12)를 풀면 된다. 정답 x는 20일이다.

세종은 수학을 공부하면 할수록 이 학문이 얼마나 중요한가를 깨달았다. 그래서 결국 신하들에게까지 이를 전하고자 마음먹었다. 한 예로 조선시대 임금의 비서 기관이라 할 수 있는 승정원에 "산학을 예습하려면 어떻게 해야 할지 집현전에 상고하여 아뢰게 하라."라고 명하기도 했다. 또한 정3품 이상의 신하들에게 스스로가 공부하던《산학계몽》이란 책을 나누어주며 시험을 공표했다.

"이 책으로 수학을 공부하라. 한 달 뒤, 시험을 보고 그 점수가 나쁜 이는 불이익을 받을 것이다."

신하들에게 있어서는 그야말로 마른하늘에 날벼락이 아닐 수 없었을 것이다. 갑작스런 세종의 명에 그의 수학 공부를 염려, 반대하던 신하들조차 모두 반 강제적으로 수학을 공부하게 되었다. 놀라운 사실은 한 달 뒤 치러진 시험을 모든 신하들이 빠짐없이 통과했다는 것이다. 그야말로 그 왕에 그 신하라는 말이 절로 나올 수밖에 없는 일화다.

세종은 신하들에게 수학 시험을 보게 만든 것을 시작으로 양반의 자제들 중에도 수학에 자질을 보이는 아이들을 골라 뽑아 중국으로 유학을 보내는 등 수학의 보편화에 힘을 기울였다.

세종 20년, 세종은《상명산법》과《양휘산법》,《산학계몽》,《오조산법》그리고《지산법》까지 총 다섯 권의 교과를 수학책으로 제정한다. 이 책들은 모두 중국에서 만들어진 수학책들이었으며 특히나《상명산법》과《양휘산법》은《산학계몽》과 더불어 수학(산학)을 배우는 데에 있어서 가장 중요한 책이자 기본이 되는 책으로 여겨 산원(算員, 국가 회계 업무에 종사하던 하급 관직)의 선발 시험과목으로 채택되었다.

이중《양휘산법》은 조선시대의 수학 교과서로 널리 쓰였는데, 총 일곱 권으로 이루어져 있었으며 사칙연산을 비롯해 방정식까지 다루는 수학책이었다.

재밌는 것은 저자인 양휘가 교과마다 그 개념을 익히기까지의 기한을 단위로 꼼꼼하게 적어 놓았다는 것이다.

사칙연산의 개념을 익힌다: 하루

덧셈을 익힌다: 사흘

뺄셈을 익힌다: 닷새

나눗셈을 익힌다: 열나흘

등등

이렇게 날짜를 배정해 놓아《양휘산법》이 교과서로서의 역할을 더욱 충실히 하도록 했다. 이처럼 세종은 한글을 창조한 것뿐 아니라 백성들을 위한 모든 기술의 근간이 되는 수학에도 조예가 깊은 왕이었다. 프랑스의 나폴레옹처럼 조국인 조선의 백성들이 수학을 널리 익히게 만들었던 세종대왕. 누군가 세종대왕의 업적에 대해 묻는다면 앞으로는 자신 있게 그의 수학적인 업적도 얘기하도록 하자.

양휘산법?

《양휘산법》은 세종이 직접 들여온 책이 아니란 걸 아시나요? 《조선왕조실록》 세종 15년(1433) 8월 25일에 보면 "경상도 감사가 《양휘산법》 100권을 왕에게 진상하였다. 세종은 무척 기뻐하며 이 책들을 집현전과 호조, 서운관의 습산국에 보내어 공부하도록 했다."고 기록되어 있습니다. 즉, 세종 역시 경상도 감사로부터 진상을 받기 전까지는 《양휘산법》을 소유하고 있지 못했다는 것이죠.

이 역사적 사실로부터 주목할 만한 것은 바로 두 가지입니다. 첫 번째는 당시 왕에게 어떤 특산물도, 보물도 아닌 수학책을 진상품으로 보냈다는 것. 두 번째는 그 책을 무려 100권이나 '만들어' 보냈다는 사실이죠!

중국으로부터 수학책을 알아보고 구입하는 것조차 쉬운 일은 아니었을 겁니다. 그리고 이 한 권을 표본으로 삼아 한 글자 한 글자를 모두 목각해 목판본을 만들고, 다시 한지에 찍는 작업을 거쳐 100권을 만들어 진상했다는 사실은 정말 지금 생각해도 놀랍기만 합니다. 실로 엄청난 노력이 바탕 된 최고의 진상품이 아닐 수 없습니다.

세종대왕은 《양휘산법》을 선물해준 경상도 감사를 한양으로 불러들여 관직을 내렸다고 합니다. 세종이 얼마나 진상품에 기뻐했는지를 보여주는 기록입니다.

세종대왕이 즐겼던 수학, 마방진

여러분, '마방진'을 아시나요? 마방진(魔方陣)이란 정사각형에 숫자를 중복하거나 빠트리지 않고 1부터 차례대로 숫자를 적어 가로, 세로, 대각선에 있는 수의 합이 모두 같게 만드는 배열을 말합니다. 영어로는 'Magic square'라 불리기에 뜻 그대로 마법진이라고도 불리는데요. 배열된 수들의 합이 마법처럼 같다는 것 때문에 이렇게 불린 것이죠. 그래서일까요, 옛날 사람들은 이 마방진에 신비로운 힘이 있다고 믿었다는군요.

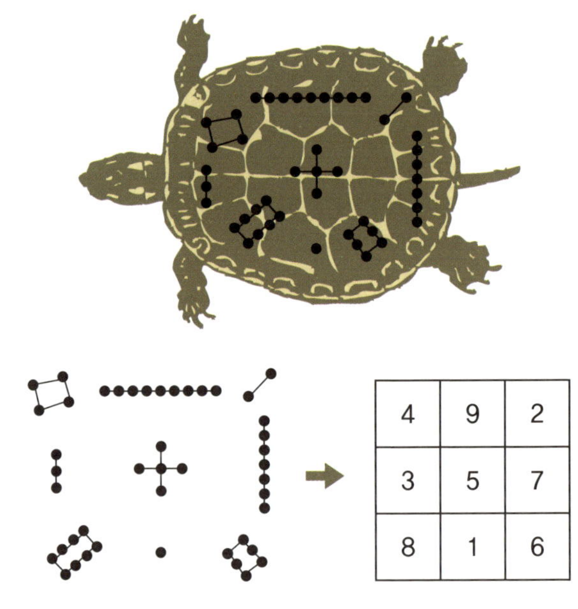

마방진에 관해서는 그 정확한 기원을 알 수 없지만 한 가지 전래동화처럼 전해 오는 이야기가 있습니다. 중국 우왕 시절, '낙수'라 불리던 강의 범람을 대비하기 위해서 제방을 쌓는 공사를 해야 하던 때에 45개 점의 배치도가 등에 그려진 거북이가 나타났다고 합니다. 이 배치도는 제방을 짓기 위한 방법에 큰 도움이 되었고, 이후로도 명당을 정하거나 건축물을 지을 곳을 정하기 위한 풍수지리에서 귀하게 활용되었다고 해요.

특히나 이 마방진은 세종대왕이 매우 즐겼던 놀이로도 유명한데요. 드라마 〈뿌리 깊은 나무〉에 마방진이 나와서 화제가 된 적이 있었죠.

사실 세종이 마방진을 즐기게 된 사연은 씁쓸합니다. 세종이 아직 세자였을 때, 그의 아버지였던 태종은 왕권을 위해 조금이라도 위협이 되는 인물은 모조리 제거해버리는 방법으로 왕의 힘을 굳건히 다지고자 했습니다. 수없이 많은 인물들이 숙청의 대상이 되어 목숨을 잃었고, 그중에는 세종의 장인도 포함되어 있었습니다. 세종은 자신이 장인의 죽음을 막지 못했다는 죄책감을 조금이라도 덜어내고자 마방진에 마음을 쏟게 된 것이었죠. 태종은 그런 세자의 나약함을 깨트리고자 한창 마방진에 몰입해 있던 세종의 마방진을 흐트러뜨린 뒤, 오직 일(一)자 만을 남겨둔 채 아래와 같이 말했습니다.

"이러면 어느 열, 어느 행, 어느 대각선을 더해도 1일 뿐이다. 이렇게 하는 것이 바로 왕의 방진이다."

이처럼 드라마에서 마방진은 세종이 이를 즐겼다는 것을 착용해 권력에 대한 태종과 세종의 견해 차이를 보여 주는 방법으로 등장했습니다.

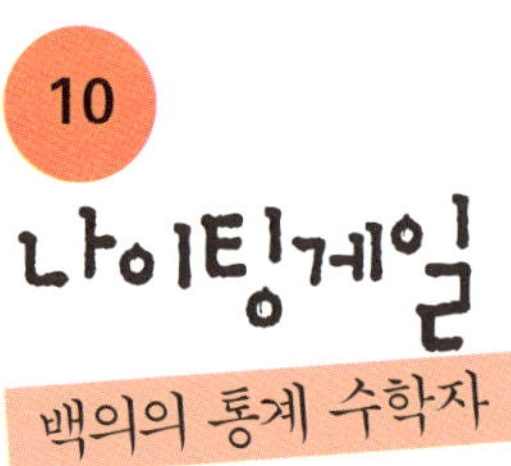

나이팅게일
백의의 통계 수학자

전쟁과 과학은 떼려야 뗄 수 없는 관계다. 많은 발명품들이 전쟁용품으로 개발되었다가 일상용품으로 전환된 것만 보아도 전쟁과 과학이 얼마나 밀접한지를 짐작할 수 있다. 그렇다면 전쟁과 수학은 어떨까?

아마 어떤 이들은 '글쎄?'라며 고개를 갸웃거릴지도 모른다. 하지만 수학 자체가 이미 과학과는 뗄 수 없는 관계이므로 전쟁과 수학은 이미 친밀한 관계일 수밖에 없다. 전쟁터 곳곳에서는 적군의 영토를 점령하기 위해, 상대적으로 빠른 시간에 적군을 죽이기 위해, 그리고 암호를 해독하기 위해서 등 수학적 지식을 이용하고 있

다. 제2차 세계대전 때 24시간마다 바뀌는 해독 불가 암호 '에니그마'를 풀고 1,400만 명의 목숨을 구한 천재 수학자의 이야기를 그린 〈이미테이션 게임〉이란 영화를 통해서도 수학과 전쟁이 얼마나 밀접한 관련이 있는지 잘 알 수 있다.

그러나 이번 이야기는 적을 상대하기 위해 전쟁에서 사용된 수학 이야기가 아니다. 아군을 살리기 위해 통계학을 사용한 백의의 천사, 나이팅게일의 이야기다.

플로렌스 나이팅게일과 크림전쟁

우리에게는 '백의의 천사'라는 별명으로 너무나 친숙한 나이팅게일. 그녀는 1820년 5월 12일, 영국인 부부의 둘째 딸로 태어났다. 부모가 이탈리아 피렌체를 여행하던 중에 태어났기에 그녀의 이름은 '플로렌스'라고 지어졌다. 이탈리아의 피렌체(Firenze)는 영어로 플로렌스(Florence). 즉, 딸에게 그녀가 태어난 지명을 이름으로 지어준 것이다.

플로렌스는 영국으로 돌아온 뒤, 상류층이었던 부모님 덕분에 매우 부유한 생활을 누렸다. 그러나 그녀는 17세가 되던 해에 돌연 다음과 같이 선언한다.

"저는 가난하고 병든 이들을 돌보고 싶어요. 그 일에 제 모든 생을 바치겠습니다."

그 말 한 마디를 시작으로 그녀가 누리던 모든 것을 뒤로 한 채 자신의 신념을 따른 길을 걷게 된다. 바로 1853년, 그해에 발발했던 전쟁인 크림전쟁에 종군간호사로 지원한 것이다.

플로렌스 나이팅게일이 종군간호사로 지원했을 당시, 야전병원은 그야말로 생지옥과 다름없었다. 약품은 고사하고 침대는 커녕 이불조차 없는 병원, 아비규환이 따로 없는 최악의 환경에서 나이팅게일을 비롯한 간호사들은 치료보다 청소, 세탁, 요리와 같은 일을 먼저 해야 했다.

당시 그녀의 별명은 '광명의 천사(The Lady with the Lamp)', 즉 '등불을 든 여인'이라 불렸다. 그녀는 흰색이 아닌 짙은 색의 검소한 옷을 입고 분주하게 뛰어다니며 사람들을 돌보았다. 열악하기

짝이 없는 전쟁터에서, 나이팅게일은 병사들의 치료뿐 아니라 그들을 뒷바라지하는 허드렛일까지도 열성을 다한다.

그렇게 병사들을 돌보던 중 그녀는 이상한 점을 발견하게 된다. '전쟁으로 인해 부상을 입고 죽는 병사보다 전염병에 걸려서 사망하는 병사들이 훨씬 많구나!' 이걸 깨달은 나이팅게일은 군의 병원 막사를 조사하기 시작했다. 열악하기만 한 현실을 세세하게 조사하며, 그녀는 환자들의 입원과 퇴원, 사망자의 수, 사망 원인 등 야전 병원에서 일어나는 모든 일들을 기록하기 시작했다. 그리고 마침내 나이팅게일은 병사들이 병원에서 더 많이 사망하는 이유가 다름 아닌 위생, 즉 병원의 청결 상태 때문이라는 결론을 내게 된다.

크림전쟁?

여기서 잠깐! 크림전쟁(1853년 10월~1856년 3월)의 배경에 대해 알아볼까요? 나폴레옹 전쟁 이후, 19세기 초의 유럽은 한동안 '동맹'이라는 이름으로 평화를 유지하는 것처럼 보였습니다. 1815년에는 러시아와 오스트리아 그리고 프로이센이 '국제 평화, 세계질서, 기독교 세계의 안보'를 내세우며 신성동맹을 결성했고요. 대(對)프랑스 동맹이던 영국, 러시아, 오스트리아, 프로이센의 4국 동맹도 부활했기 때문이죠. 그러나 이 동맹은 오래가지 못했습니다. 그 발단은 바로 러시아의 오스만 제국 침략이었어요.

러시아는 오스만 제국 안에 있는 그리스 정교도 사람들을 보호하겠다는 것을 명분 삼아 오스만 제국을 공격합니다. 그러나 이 이면에는 겨울에도 얼지 않는 항구를 얻기 위해 지중해로 가겠다는 본심이 숨겨져 있었어요. 뿐만 아니라 당시 오스만 제국이 다스리고 있던 크리스트교의 성지인 예루살렘과 베들레헴을 프랑스와 영국 등 몇몇 나라에게만 관리권을 준 것에도 불만을 갖고 있었어요. 어쨌든 이런저런 명분이 많았지만 그 핵심은 하나였습니다. '남쪽으로 영토를 확장하고 싶다!'는 것이었죠.

전쟁의 이름이 크림전쟁이 된 이유는 전쟁 중후반기 이후의 주된 전쟁터가 '크림반도'였기 때문에 붙여진 것입니다. 또 다른 이름으로는 '제1차 동방 전쟁'이라 불리는데요. 1877년부터 1878년까지 벌어졌던 '러시아-튀르크 전쟁(제2차 동방 전쟁)'이 있기 때문에 이 전쟁과의 구분을 위해 붙은 이름입니다. '제12차 전쟁'이란 이름으로 더 유명한 이 '러시아-튀르크 전쟁'이 일어나고 약 36년 뒤 '제1차 세계대전'이 발발했죠.

병원의 위생 상태 때문에 죽어가는 병사들이 훨씬 많다는 것을 알게 된 나이팅게일은 즉시 이 사실을 병원에 알리며 현재 청결 상태를 개선해야만 한다고 주장했다. 그러나 병원 관계자들은 그녀가 내민 자료를 즉각 이해하지 못했다. 나이팅게일이 기록한 자료들은 복잡한 숫자들이 나열되어 있어 쉽게 이해하기 어려웠던 것이다. 나이팅게일은 그들을 이해시키기 위해 자신이 기록한 자료를 도표로 작성하기 시작했다. 그리고 병사의 사망 원인을 구체적으로 정리한 다음, 이 통계자료와 함께 '위생 병동을 건립해 달라'는 요청을 담아 영국 사령관에게 전달했다.

나이팅게일이 영국 사령관에게 편지를 전달했다는 내용은 각종 소식지를 타고 일파만파 퍼져나갔고, 영국 신문 〈더 타임즈〉에 대문짝만 하게 실리자, 사람들은 '병동을 개선해 달라'며 항의하기 시작했다. 더 이상 여론을 무시하지 못하겠다고 판단한 영국 정부는 나이팅게일의 요청을 수락해 조립식 병동을 지어 전장에 내보내고 환기구 설치와 위생 비품 등을 지원하며 상황을 개선하기 위해 노력했다. 그 결과 사망률이 42%에서 2%로 줄어드는 놀라운 변화를 불러오며 많은 병사들이 병원 내의 전염병으로 사망하는 일이 거의 없어지게 되었다. 전쟁이 끝난 후에는 세계 최초로 간호학교가 설립되었는데, 그것이 바로 오늘날의 킹스 칼리지 런던(King's College London) 간호대학이다.

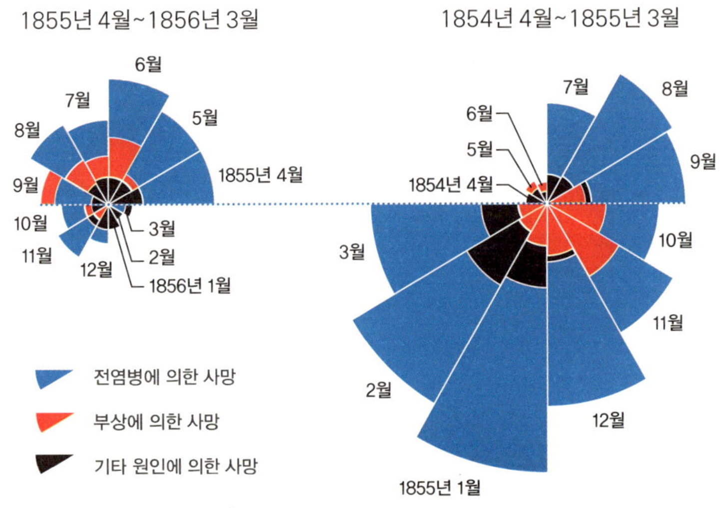

위 도표는 '윌리엄 파르'라는 영국의 통계학자가 만든 도표를 나이팅게일이 개선한 것이다. 그녀는 파르의 도표가 선의 길이로 수를 표현함으로써 갖고 있던 문제점을 부분의 면적으로 개선해 나타냄으로써 새로운 도표를 창조해냈다.

모양이 장미꽃과 비슷하다하여 '로즈 다이어그램'이라고 불리는 이 도표에서 나이팅게일은 원을 12개의 부분으로 나누어 사망 원인에 따른 월별 사망자를 표현했다. 위 도표에서 오른쪽 도표는 1854년 4월부터 1855년 3월까지의 사망자 수를, 왼쪽 도표는 1855년 4월부터 1856년 3월까지의 사망자 수를 나타내고 있다. 또한 원의 중심으로부터 세 개가 겹쳐진 모양이 그려진 부분의 넓이는 월별 사망자의 수를, 각각의 색이 다른 부분은 서로 다른 사망 원인을 나타내며, 푸른색 부분은 전염병으로 사망한 병사들, 붉은색 부분은 부상으로 죽은 병사들, 검은색 부분은 다른 이유로 사망한 병사들을 뜻한다.

전쟁에서의 경험을 바탕으로

전쟁이 끝난 뒤, 나이팅게일은 영국으로 돌아왔다. 비단 전쟁터뿐만 아니라 본토의 여러 병원들 역시 열악한 위생 환경으로 인해 문제가 많다는 것을 알게 된 그녀는 자신의 통계를 적극 활용하여 영국 사회의 인식 자체를 바꾸기 위해 움직이기 시작했다.

나이팅게일은 전쟁이 없는 시기에도 병영 내 사망률이 민간 병원의 두 배나 되는 것을 개선하고자 크림반도에서의 경험과 통계를 근거로 병영의 위생 상태를 개선할 것을 요청했고, 1860년에 영국 런던에서 열린 세계 통계 대회에 병원의 기록 양식을 하나로 통일하자는 제안을 냈다. 당시만 하더라도 병원들은 병원마다 기록 양식이 달랐다. 때문에 병원기록 양식이 통일되는 것은 정부가 실시한 정책의 실제 효과를 알아보기에도 쉬워질 수 있으며, 이제까지보다 더 유용한 통계자료를 추출해 낼 수 있는 제안이었다.

뿐만 아니라 나이팅게일은 당시 영국의 식민지였던 인도에서 주둔 중인 군인들을 위한 위생 개선에도 노력을 기울였다. 그녀는 크림전쟁에서의 경험을 바탕으로 인도에 주둔 중인 영국군대 전체에 설문지를 보내 그들로부터 받은 결과를 분석하여 200여 쪽에 달하는 보고서를 만들었다. 보고서에는 인도에 주둔 중인 군대의 사망률이 1,000명당 70여 명에 달한다는 통계와 이처럼 사망률이 높은 이유가 열악한 위생 상태 때문이라는 내용을 담았다. 물론 이전과 마찬가지로 수치와 도표를 이용해 그 사실을 증명했다. 그녀 덕분에 인도의 영국군 야전병원에도 개선이 이루어져 10년 뒤 사망률이 1,000명당 18명으로 줄어드는 쾌거를 이뤘다.

이후 1859년, 나이팅게일은 크림전쟁 당시에 조성됐던 '나이팅게일 기금'을 이용해 '나이팅게일 간호학교'를 설립했으며 그녀의 대표 저서인 《간호론》을 펴냈다. 또한 1869년에는 영국 최초의 여자 의사로 꼽히는 엘리자베스 블랙웰(Elizabeth Blackwell)과 더불어 여성 의과대학을 설립하는 등 수많은 업적을 세웠다.

이처럼 전쟁터에서 병사들을 위한 헌신적인 간호와 보살핌 외에도 위생이 사람의 목숨을 좌우할 수 있다는 사실을 통계로 밝힘으로써 나이팅게일은 1859년에 영국 왕립통계학회의 첫 여성 회원이 되었으며, 미국 통계학회의 명예 회원으로 초대되는 영광까지 얻게 된다.

빅데이터?

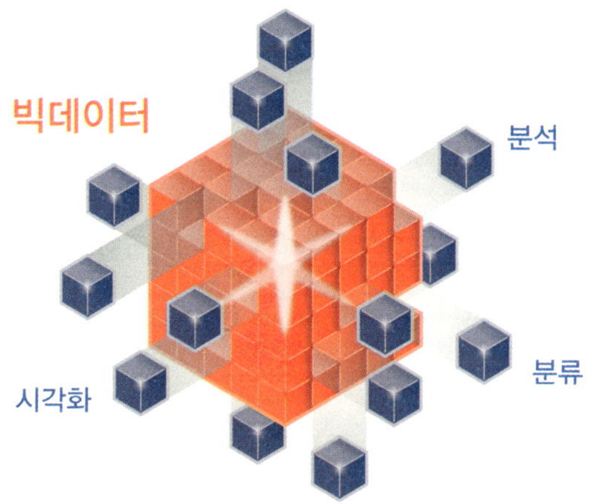

빅데이터 시대라고도 불리는 현대. 수많은 정보들이 분석, 분류, 시각화되어 곳곳에 저장되고 이용되는 시대죠. 빅데이터 작업에는 대부분 수학이 이용되고 있어요. 데이터의 시각화는 곧 앞으로 닥쳐올 문제들을 미리 대비하거나 현재 문제의 해결점을 찾는 데에 유용하게 이용됩니다.

나이팅게일이 정말 대단한 건 그녀의 수학적 발상과 실용에도 있지만 수치들을 쉽게 모으기도 힘들고 컴퓨터와 같은 전산 시스템도 딱히 없던 시대에 통계를 이용한 실질적 개혁을 이루어냈기 때문일 것입니다.

병원에서 무엇보다 중요한 위생의 개선, 이를 설득하기 위해 직접 수많은 데이터를 모으고 도표화시킨 나이팅게일. 백의의 천사라는 칭호만큼이나 훌륭한 수학자였던 그녀에게 다시 한 번 찬사를 보냅니다.

홍정하

조선 VS 청나라 수학 배틀

　조선시대에도 수학자가 있었을까? 이렇게 물어보면 대부분 "글쎄요. 조선시대에는 수학이라는 것 자체가 없지 않았어요?" 하고 대답한다. 그러나 이것은 사실이 아니다. 조선 최고의 수학자라 불리는 홍정하와 그의 망년지우였던 유수석 그리고 문관(文官)의 충무공 이순신이라 불릴 정도의 인물인 최명길의 손자 최석정 역시 영의정을 역임한 정치가이면서도 마방진을 연구했던 수학자였다.

조선 수학의 자존심이었던 홍정하

조선시대에는 수학 기술관을 뽑기 위해 '산학취재'라는 시험이 존재했다. 산학은 오늘날의 수학을 뜻한다. 이 시험을 볼 수 있는 기회는 중인에게만 주어졌으며 많은 중인들이 이 산학취재를 통과해 산원에 들어갔다. 그러나 시간이 흐르며 이 시험의 의미가 퇴색되어갔다. 산학자가 되는 길은 마치 가업으로 이어지는 일처럼 산학자 집안 자제들의 전유물로 바뀌어갔기 때문이다.

수학자 홍정하는 1684년에 태어난 인물로 그 역시 가문 대대로 수학을 전공해온 산학자 집안에서 태어났다. 아버지, 친할아버지, 외할아버지, 심지어 그의 장인까지도 수학자였다고 한다. 덕분에 홍정하는 쉽게 수학을 접하며 성장하였고 정해진 수순처럼 산학 시험을 거쳐 수학자로의 삶에 들어섰다.

본격적으로 수학자의 길에 들어선 홍정하는 방정식과 마방진 등을 연구해《구일집(九一集)》이라는 저서를 남겼다. 아쉽게도 현재 홍정하에 대한 기록은 많지 않지만 역사를 공부한 이들은 그가 조선 수학의 자존심이라 불릴 정도로 최고의 수학자라는 사실에 누구도 이의를 제기하지 않을 것이다.

홍정하가 남긴 저서,《구일집》은 8권과 부록으로 구성되어 있다. 홍정하는《구일집》에 방정식을 세우는 방법인 '천원술'과 산목셈이라는 일종의 계산기를 활용한 10차 방정식의 풀이, 파스칼의 삼각형, 복잡한 이형계수의 정리 등 고차방정식의 풀이들을 담았다.

홍정하의 업적은 무엇보다도 조선만의 방정식 이론을 펼쳤다는 것과 오랜 시간 동안 잘못 인용되어오던 10차 마방진의 오류를 바로 잡았다는 것에 있다.

당시만 하더라도 수학은 유럽의 선진국들이 주요하게 여기던 학문이었으므로 홍정하가 어떤 외국과의 교류도 없이 이런 성과를 이뤄냈다는 것은 현대에서 매우 높게 평가된다.

한국 수학사 학회지 제24권 4호에는 그를 이렇게 평하고 있다.

"수학자 홍정하는 두 수의 최대공약수와 최소공배수의 구조를 완벽하게 얻어낸 조선 최초의 수학자이며 이것은 조선 수학의 업적으로 가장 뛰어난 결과이다."

이 외에도 《구일집》에는 재미있는 에피소드가 수록되어 있는데, 여러 에피소드를 통해 홍정하의 출중한 실력뿐 아니라 당시 시대의 면면을 엿볼 수 있어 매우 흥미롭다. 그중에서도 한 가지, 바로 청나라의 수학자인 하국주와 조선의 수학자 홍정하의 수학 문제 대결에 관련해 이야기를 해볼까 한다.

청나라와 조선의 수학 대결

홍정하가 하국주와 수학 문제 대결을 하게 된 배경에는 당시의 시대 배경이 큰 부분을 차지한다. 조선 전기만 하더라도 사대부들은 만주의 이민족을 오랑캐로 여기며 매우 업신여겼다. 그러나 시간이 흐르며 세상이 변했다. 오랑캐라 불리던 만주의 이민족은 병자호란을 거쳐 명나라를 무너뜨렸다. 이 오랑캐들이 세운 나라인 후금은 청나라로 국호를 바꾸며 조선의 상국이 되어버렸다.

조선은 청나라를 여전히 오랑캐로 여겼지만 그들과의 전쟁에서 패한 탓에 어쩔 수 없이 그들을 상국으로 섬길 수밖에 없었다. 이러한 시대 속에서 청나라는 조선이 변심할 것을 경계하며 매년 사신을 파견했다. 그리고 이때 사신으로 온 이 중 한 사람이 바로 청나라의 수학자였던 하국주였다.

청나라가 조선에 사신들을 파견하는 것은 크게 두 가지 목적이 있었다. 하나는 조선이 혹시라도 전쟁 준비를 하지 않는지 살피기 위해, 또 하나는 청나라가 조선의 우위에 있다는 것을 과시하기 위

해서였다.

하국주는 조선 숙종 시대인 1713년에 파견된 사신으로 그는 청나라 내에서 수학과 과학 실력이 뛰어나기로 유명했다. 현대로 비유하자면 그는 국립 천문대의 관장과 같은 '사력'이라는 벼슬을 하고 있는 이였다. 청나라는 실력자인 하국주를 파견함으로써 자국의 문화와 학문 수준을 과시하려 했던 것이다.

아니다 다를까. 조선에 도착한 하국주는 청나라의 눈치를 볼 수밖에 없던 조선으로부터 극진한 대접을 받던 중 뜬금없는 요구를 했다. '조선에서 수학을 잘 하는 학자를 데려오라'고 요구한 것이다. 다들 놀라자 "내 취미는 수학문제를 푸는 것이다. 따라서 조선의 수학자와 내 실력을 한번 견주어 보고 싶다."라고 했다. 표면적으로는 재미를 가장하고 있었지만 그 속내는 실상 조선에는 뛰어난 수학자가 없을 테니 자신의 실력으로 누르고 조선을 더욱 얕보고 망신 주려는 의도가 가득했다.

당황한 조정에서는 급히 수학자를 수소문했고, 수학자를 찾던 끝에 홍정하와 그의 망년지우였던 유수석을 불러들여 하국주와 대면시켰다. 하국주는 거만하게 앉아 홍정하를 무시하는 눈으로 쳐다보며 그에게 먼저 아래와 같은 문제를 냈다.

"360명의 사람이 있다. 만약, 한 사람마다 은 1냥 80전을 낸다면 그 합은 모두 얼마인가?"

이 질문은 그냥 봐도 쉽게 풀 수 있는 단순한 곱셈 문제다. 여기서 주목할 것은 이 문제가 당시 조선에게 있어서도 어려운 문제가 아니었다는 사실이다. 삼국시대 때부터 이미 논과 밭의 넓이를 계산하고, 그 해의 수확량도 계산하며, 건축에도 황금비를 계산해 적용하는 등 일상에서 수학을 활용하던 조선이었다. 즉, 하국주가 이런 단순한 문제를 낸 것 자체가 조선을 엄청나게 낮춰 보고 있다는 걸 알 수 있는 상황이었다.

"648냥입니다."

홍정하는 하국주의 입에서 문제가 떨어지자마자 즉답했다. 하국주는 예상치 못한 홍정하의 즉답에 살짝 당황했지만 연이어 문제 내기를 이어갔다.

"내가 너무 쉬운 문제를 냈나보군. 다음 문제다. 한 변의 길이를 제곱해서 넓이가 225평방자일 때, 한 변의 길이는 얼마인가?"

"15입니다."

하국주는 홍정하의 당황하는 모습을 기대하며 여러 문제들을 냈지만 홍정하는 그런 하국주의 기대를 처참하게 깨부수며 계산 문제부터 도형 문제까지 난이도를 높여가는데도 모두 쉽게 풀었다.

망신을 주려던 하국주는 어느새 홍정하의 높은 수학 실력에 감탄했다. 그러나 그런 그를 도리어 망신스럽게 하는 상황이 벌어져 버렸으니⋯. 바로 하국주의 수행원으로 따라왔던 청나라의 관리가 역으로 조선의 수학자들에게 제안한 것이다.

"하국주는 천하에서 제일 수학을 잘하기로 소문난 학자요. 못 푸는 문제가 없을 것이니 이제는 반대로 조선의 학자들이 문제를 내 보시오."

청나라 관리가 말을 마치자 홍정하는 공손한 자세로 아래와 같은 문제를 냈다.

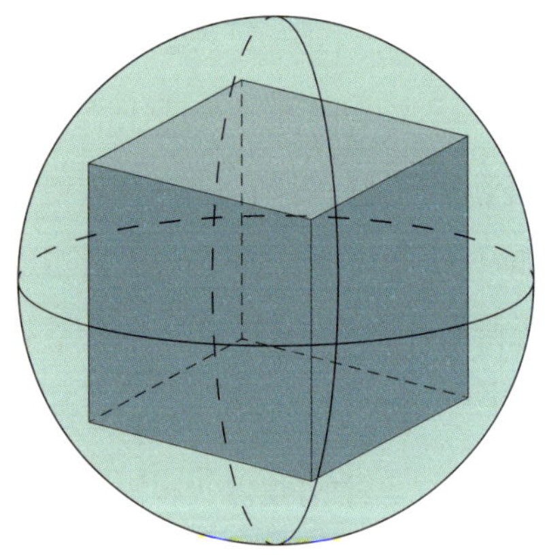

"여기, 공 모양의 옥석이 있습니다. 이것에 내접한 정육면체의 옥을 뺀 껍질의 부피는 265근 15냥 52전, 껍질에서 가장 두꺼운 곳의 두께는 4치 5푼입니다. 옥석의 지름과 내접하는 정육면체 한 모서리의 길이는 각각 얼마입니까?"

하국주는 열심히 머리를 굴려보지만 결국 문제를 풀지 못했다. 그가 고민 끝에 남긴 말은 "내일까지 꼭 답을 주리다."였다.

홍정하의 실력에 깊은 감명을 받은 하국주는 진지하게 수학자의 자세로 홍정하, 유수석 등의 조선 수학자들과 수학 문제를 논하며 문제 풀이를 즐기다 중국으로 돌아갔다. 홍정하가 낸 문제는 여전히 풀지 못한 채로.

하국주는 특히나 두 가지 면에서 매우 놀라움을 표했다고 전해진다. 그 하나는 명나라를 거치며 완전히 사라졌던 방정식 세우는

방법인 '천원술'이었으며, 다른 하나는 수학 문제를 풀 때 홍정하가 사용한 '산목셈'이었다.

산목셈은 일종의 계산기로 홍정하는 문제를 풀 때 보자기를 펴고 그 안에서 막대 모양의 대나무 가지 같은 것을 꺼내 순식간에 계산을 해내었다. 하국주는 청나라로 돌아가며 중국의 수학자들에게 알려주기 위해 이 산목셈을 가져갈 정도로 조선의 수학에 푹 빠졌다고 한다.

학문에 대한 열정을 불태우는 나라, 한국

《총, 균, 쇠(GUNS, GERMS, AND STEEL)》의 저자이자 퓰리처상을 수상한 문화인류학자인 제레드 다이아몬드 교수는 한국을 아래와 같은 말로 평했습니다.

"한국은 강대한 이웃나라에 예속되지 않고 독자적인 문명을 발전시켜 온 나라다."

제레드 다이아몬드의 평처럼, 우리나라는 약하고 작은 나라였지만 스스로 걸어가는 길에 최선을 다하고 늘 배움에 온 열정을 불태운 이들이 있었기에 이와 같은 평을 들은 게 아닐까 합니다. 마치 홍정하처럼 말이죠.

수학사를 빛내는 넘쳐나는 서양인들. 피타고라스, 오일러, 파스칼 등 많은 외국인 수학자들이 있었지만 우리나라에도 그들만큼이나 뛰어난 수학자 홍정하가 있었다는 것입니다. 충분히 자부심을 가져도 좋을 그 이름을 기억합시다.

12 존 네이피어

마법사로 오해받은 수학자

약 420년 전, 스코틀랜드에 있는 한 대저택에서 이상한 일이 벌어졌다. 어느 날부터인가 저택의 물건이 하나 둘 사라지기 시작한 것이다. 저택의 주인은 반드시 범인을 잡아내겠다며 엄포를 놓았다. 저택은 매우 외진 곳에 있었으므로 외부인의 소행으로 보기는 어려웠다. 주인은 하인들 중 하나가 범인일 거라 추측했고, 모두를 불러 모은 뒤 "너희들 가운데 도둑이 있다면 지금 솔직하게 얘기해라. 그럼 용서해 주겠다."라고 말했다. 그러나 하인들은 모두 자기가 아니라 부인하며 "유령이 장난을 치는 것 같습니다."라고 답했다.

하인들의 답을 들은 주인은 잠시 후 까만 천으로 가려놓은 닭장 하나를 들고 와 하인들에게 말했다. "이 닭장 안에는 손이 몸에 닿

으면 죄지은 사람을 가려낼 수 있는 신비한 수탉이 들어 있다. 너희
가 거짓말을 하는 것인지, 아니면 정말 유령이 물건을 훔치는 것인
지 이 닭이 알려줄 테니 모두 손을 넣어 수탉의 등을 만져 보아라."

하인들은 겁에 질려 한사람씩 수탉을 만졌고, 주인은 하인들에
게 말했던 대로 범인을 찾는 데에 성공했다. 정말 수탉이 신비한 능
력을 가졌던 걸까? 주인은 어떻게 범인을 가려낼 수 있었던 걸까?

우리 주인님은 마법사다!

앞서 얘기했던 저택의 주인, 그가 바로 마법사라 불린 수학자, 존
네이피어다. 하인들에게 수탁의 등을 만지게 한 뒤, 존 네이피어는

한 하인의 손을 보며 "네가 바로 범인이구나."라 얘기했다.

놀란 다른 하인들이 지목당한 하인을 본 뒤, 도둑질을 한 하인과 하지 않은 자신들의 차이를 알 수 있었다. 다른 하인들의 손은 모두 새카맣게 뭔가가 묻어 있었던 반면 그 하인의 손은 깨끗했던 것이다. 범인으로 지목된 하인은 창백해진 얼굴로 싹싹 빌기 시작했고, 다른 하인들 역시 주인님은 마법사가 분명하다라며 놀란 얼굴로 두려움에 떨었다. 그렇다면 존 네이피어는 과연 정말 마법사였을까?

당신이 생각하는 바대로 그는 마법사가 아니었다. 그저 탁월한 발상과 창의력으로 평소에도 어려운 문제를 척척 풀어내던 수학자였을 뿐이다! 존 네이피어가 하인들 앞에 갖고 온 닭장에는 검은 그을음을 묻혀둔 수탉이 들어 있었다. "수탉으로 범인을 잡아내겠다!"고 호언장담을 하는 존 네이피어의 말을 들은 하인들 중 진짜 물건을 훔친 하인은 그 말에 겁을 먹은 나머지 수탉을 만지는 척만 했고, 그로 인해 범인임이 들통 난 것이다.

존 네이피어의 범인 잡기 에피소드처럼 수학적 지식이나 과학적 지식이 낮은 계급의 사람들에게는 이러한 방법들이 경이로운 마술로 보이는 경우가 적지 않았다. 현대의 마술사들도 과학지식을 바탕으로 마술쇼를 펼치고 있으니, 지금보다 훨씬 수학과 과학의 대중화가 이루어지지 않았던 옛날에는 수학자나 과학자들이 얼마나 대단하고 신비한 마술사나 마법사로 보였을까.

스코틀랜드의 수학자, 존 네이피어

존 네이피어는 1550년, 스코틀랜드의 에든버러에 위치한 머치스턴 타워에서 아치볼드 존 네이피어의 아들로 태어났다. 당시 존 네이피어의 아버지 아치볼드는 불과 16세에 불과했다. 존 네이피어가 태어난 네이피어 가문은 대단한 명문가는 아니었지만 레어드(Laird)라는 작위를 가진 귀족이자 지주였다. 덕분에 존 네이피어는 유복한 어린 시절을 보낼 수 있었다.

당시 귀족들이 으레 그러했듯, 존 네이피어 역시 철저한 가정교육을 받으며 성장했다. 그런데 존 네이피어는 어린 시절부터 공부 실력 만큼이나 창의력과 상상력이 풍부했다. 때문에 엉뚱한 생각이나 행동으로 종종 주변인들을 당황시킨 적도 많았다고 한다.

13살이 되면서 존 네이피어는 스코틀랜드에서 가장 오래된 명문 학교인 세인트 앤드류스 대학에 진학했고, 세인트 앤드류스를 다니던 중 유학길에 올랐다. 8년 간 유럽 곳곳에서 공부를 하던 존 네이피어는 21세가 되던 해, 그의 아버지가 재혼한다는 소식을 듣고서야 고향으로 돌아왔다.

존 네이피어의 유학에는 그의 외삼촌이 큰 역할을 했다고 한다. 존 네이피어의 천재성을 알아본 외삼촌은 아버지 아치볼드에게 플

랑드르의 학교로 유학을 보낼 것을 강력하게 부탁했고, 아치볼드가 이 부탁을 들어준 덕분에 존 네이피어는 더욱 우수한 교육을 받으며 학자의 길을 걸을 수 있게 되었다.

고향으로 돌아온 존 네이피어는 1572년, 본인과 비슷한 수준의 귀족 집안이었던 스털링가의 딸 엘리자베스와 결혼한다. 그리고 2년 뒤에는 아버지 아치볼드의 도움을 받아 스털링가 근처인 가트니스에 성을 구입해 분가를 하게 된다.

존 네이피어는 본인의 영지를 갖게 된 뒤, 영지의 수확량을 늘리기 위해 수력으로 돌아가는 프로펠러를 이용하여 탄광 배수 시설을 발명하기도 하고, 소금을 이용해 잡초를 없애고 토지를 비옥하게 만들어 생산량을 늘리는 방법을 연구하기도 했다. 그의 놀라운 창의성과 탁월한 재능에 모두 감탄하곤 했다.

뿐만 아니라 신학에도 큰 관심을 갖고 있었던 존 네이피어는 특히나 요한묵시록에 굉장히 많은 열정을 쏟았다. 열렬한 청교도(개신교)였던 존 네이피어는 당시 유럽에 태풍을 몰고 왔던 종교개혁에 적극 참여하면서 로마 교황의 권위와 천주교의 행태를 강경하게 비판함은 물론이고, 스스로가 서술한 저서 중 인생에서 가장 중요한 저작으로 꼽는 《요한묵시록의 진상》이라는 책에서는 '천주교가 세상을 멸망시킬 것'이란 주장을 내기도 했다.

그렇게 종교논쟁에 휘말리며 전쟁 같은 시간을 보내던 존 네이피어는 지친 심신을 치유하기 위해 다시 학문으로 눈을 돌린다. 그가 다시 수학과 천문학에 몰두하게 된 시점이었다. 특히나 존 네이피어는 천문학에 관심이 많았는데, 이 관심이 곧 수학계를 크게 흔든 혁명적 발명인 '로그'로 이어진다. 천문학은 지구와 태양 사이의 거리나 달과 지구 사이의 거리 등 엄청난 단위의 숫자를 가지고 계산해야 하는 복잡하고 시간이 많이 소요되는 학문이었다. 컴퓨터나 계산기가 있었다면 간단하게 풀 수 있었겠지만 당시에는 그 어마어마한 수로 계산식을 세워 곱셈, 나눗셈을 해야만 풀 수 있었다.

로그란 무엇인가?

로그(log)란 곱셈을 덧셈으로, 나눗셈을 뺄셈으로 바꿔 계산하는 방법으로 'logarithm'의 약자다. 매우 빠르고 편리하게 계산할 수 있다. 때문에 매우 큰 수 혹은 매우 작은 수를 다룰 때 큰 도움이 된다. 일반적인 숫자를 로그 숫자로 바꾼 뒤, 곱셈을 덧셈으로 바꾸어 계산하는 게 바로 로그 계산법이다. 이때 반드시 필요한 것이 바로 존 네이피어가 만든 '로그표'다. 다음 장의 곱셈 문제를 로그표를 이용하여 계산해 볼까?

3.65×2.4

×	0	1	2	3	4	5	6	7	8	9
2.3	0.3617	0.3636	0.3655	0.3674	0.3692	0.3711	0.3729	0.3747	0.3766	0.3784
2.4	0.3802	0.3820	0.3838	0.3856	0.3874	0.3892	0.3909	0.3927	0.3945	0.3962
2.5	0.3979	0.3997	0.4014	0.4031	0.4048	0.4065	0.4082	0.4099	0.4116	0.4133
2.6	0.4150	0.4166	0.4183	0.4200	0.4216	0.4232	0.4249	0.4265	0.4281	0.4298
2.7	0.4314	0.4330	0.4346	0.4362	0.4378	0.4393	0.4409	0.4425	0.4440	0.4456
2.8	0.4472	0.4487	0.4502	0.4518	0.4533	0.4548	0.4564	0.4579	0.4594	0.4609
2.9	0.4624	0.4639	0.4654	0.4669	0.4683	0.4698	0.4713	0.4728	0.4742	0.4757
3	0.4771	0.4786	0.4800	0.4814	0.4829	0.4843	0.4857	0.4871	0.4886	0.4900
3.1	0.4914	0.4928	0.4942	0.4955	0.4969	0.4983	0.4997	0.5011	0.5024	0.5038
3.2	0.5051	0.5065	0.5079	0.5092	0.5105	0.5119	0.5132	0.5145	0.5159	0.5172
3.3	0.5185	0.5198	0.5211	0.5224	0.5237	0.5250	0.5263	0.5276	0.5289	0.5302
3.4	0.5315	0.5328	0.5340	0.5353	0.5366	0.5378	0.5391	0.5403	0.5416	0.5428
3.5	0.5441	0.5453	0.5465	0.5478	0.5490	0.5502	0.5514	0.5527	0.5539	0.5551
3.6	0.5563	0.5575	0.5587	0.5599	0.5611	0.5623	0.5635	0.5647	0.5658	0.5670
3.7	0.5682	0.5694	0.5705	0.5717	0.5729	0.5740	0.5752	0.5763	0.5775	0.5786
⋮										
8.4	0.9243	0.9248	0.9253	0.9258	0.9263	0.9269	0.9274	0.9279	0.9284	0.9289
8.5	0.9294	0.9299	0.9304	0.9309	0.9315	0.9320	0.9325	0.9330	0.9335	0.9340
8.6	0.9345	0.9350	0.9355	0.9360	0.9365	0.9370	0.9375	0.9380	0.9385	0.9390
8.7	0.9395	0.9400	0.9405	0.9410	0.9415	0.9420	0.9425	0.9430	0.9435	0.9440
8.8	0.9445	0.9450	0.9455	0.9460	0.9465	0.9469	0.9474	0.9479	0.9484	0.9489
8.9	0.9494	0.9499	0.9504	0.9509	0.9513	0.9518	0.9523	0.9528	0.9533	0.9538
9	0.9542	0.9547	0.9552	0.9557	0.9562	0.9566	0.9571	0.9576	0.9581	0.9586

이 표는 로그표의 일부분으로 맨 위 줄의 숫자들은 소수 두 번째 자리의 수를 나타낸다. 계산을 위해 로그 3.65의 값을 찾으면 0.5623이고. 로그 2.4의 값은 0.3802이다. 다음 단계는 이 두 수를 더하면 된다. 0.5623+0.3802=0.9425가 나온다. 그럼 0.9425를 로그표에서 찾아 다시 일반적인 수로 바꾸어주면 3.65×2.4=8.76이라는 것을 알 수 있다. 나눗셈의 경우에는 앞의 곱셈 문제에서 덧

셈을 뺄셈으로 바꾸어 계산하면 된다.

약 20년간의 탐구, 로그의 탄생

존 네이피어가 로그를 발명하게 된 것은 천문학을 좋아하는 데서 시작했다. 그런데 사실, 여기에는 또 하나의 이유가 더 있었다. 바로, 친구이자 스코틀랜드의 의사였던 존 크레이그가 보여준 삼각함수를 이용한 곱셈법이 그것이었다.

1590년, 존 네이피어가 살던 성은 외부와의 교류가 활발하지 않은 곳이었기 때문에 존 네이피어는 다른 학자들과의 교류가 없이 혼자 연구에 몰두한 채 하루하루를 보내고 있었다. 그런 그에게 천문학자이기도 했던 절친 존 크레이그가 이야기를 하나 들려준다. 그것은 바로 1589년, 천문학자이자 점성술사로도 유명한 튀코 브라헤(Tyge Ottesen Brahe)를 만난 이야기였다. 크레이그는 존 네이피어에게 브라헤가 삼각함수를 이용한 곱셈법을 보여준 것을 그대로 알려 주었고, 이는 곧 존 네이피어에게 큰 자극이 되었다.

튀코 브라헤는 덴마크의 천문학자로, 맨눈으로 정밀한 천문관측을 남긴 것과 더불어 아리스토텔레스의 천문학을 부정하는 증거를 발견해 당시의 프톨레마이오스 체계(지구는 우주의 중심에 가만히 있고 다른 행성들이 지구의 주위를 도는 것. 천동설)를 와해시키는 데에 결정적인 역할을 한 천문학자였다. 그는 삼각함수를 이용한 곱셈법에 능통한 이였고, 크레이그는 이러한 경험을 친구에게 전해 주었던 것이다.

크레이그를 만나 브라헤의 이야기를 전해들은 뒤, 존 네이피어는 삼각함수를 이용한 곱셈법에 큰 자극을 받았다. 존 네이피어는 삼각함수를 이용한 곱셈법보다 더욱 쉽고 편리한 계산법을 창조하고자 몰두하기 시작했고 그 탐구는 장장 20년이라는 세월이 지난 뒤에야 빛을 보게 된다.

1594년에 로그에 대한 개념을 세운 존 네이피어는 로그표를 작성하기 시작했다. 그리고 1614년이 되어서야 로그표를 완성해《로그의 놀라운 규칙(Mirifici logarithmorum canonis descriptio)》이라는 책을 발표했다. 로그에 대한 개념과 구면삼각법 등, 20년간 그가 연구한 것들이 집대성된 책이었다.

존 네이피어가 발표한 로그는 온 유럽을 열광케 했으며 존 네이피어는 엄청난 찬양을 받았다. 그가 로그를 연구하게 된 계기와 마찬가지로 특히나 천문학계에 있어서 로그의 발명은 그야말로 천문학자들이 간절히 필요로 하던 계산법이었다. 프랑스의 수학자이자 천문학자였던 라플라스는 '로그의 발명 덕분에 천문학자들의 수명이 두 배로 늘어났다'고 말할 정도로 로그는 천문학자들이 계산에 들이던 시간을 엄청나게 줄여 주었다.

특히나 존 네이피어의 로그법에 큰 관심을 보였던 이는 런던의 그레셤 칼리지 수학 교수이자 옥스퍼드 대학의 천문학교수를 역임하던 헨리 브리그스(Henry Briggs)였다. 브리그스는 직접 스코틀랜드의 존 네이피어를 찾아가 "당신이 발견하기 전까지 아무도 이를 발견하지 못했다."라며 그에게 존경심을 보임과 더불어 기존의 로그보다 밑을 10으로 하는 로그가 더욱 실용적이라는 것을 제안하며 함께 로그에 대한 공동 연구에 돌입한다.

그러나 당신 존 네이피어는 이미 예순을 훌쩍 넘긴 나이였으며 통풍까지 앓고 있어 몸이 많이 쇠약해진 상태였다. 존 네이피어는 1615년에 자신을 찾아온 브리그스와 함께 밑을 10으로 하는 로그표의 원형을 만드는 일에 착수했고, 1617년에 상용로그와 같은 용법을 만드는 데에는 성공하지만 그 해에 67세의 나이로 세상을 떠났다. 그 연구는 브리그스가 이어받아 1624년에 완성시켰으며, 완성된 연구는 '브리그스의 로그' 또는 '상용로그'라는 이름으로 오늘날까지 이어지게 되었다.

로그는 현재, 수학이나 천문학 같은 학문분야뿐 아니라 일상에서도 사용되고 있으며, 연평균 강우 산성도나 소리의 상대적인 크기를 나타내는 단위인 데시벨 그리고 지진의 규모를 정량적으로 표현하는 수치인 리히터 규모, 별의 등급, 화석의 연대, 은행의 정기예금 원리합계 계산 등 큰 숫자를 간단하게 다룰 수 있게 바꿔 주는 역할로써 다양한 일상에서 적용되고 있다.

존 네이피어의 막대

한번은 존 네이피어가 시장에 갔는데 상인들이 물건 값을 셈하는 것을 굉장히 어려워한다는 걸 발견하게 되었습니다. '내가 이걸 해결해야겠다'고 생각한 존 네이피어는 로그를 활용해 '존 네이피어의 막대'라 불리는 계산표를 고안했습니다. 이 막대 형태의 계산표는 곱셈, 나눗셈, 제곱근과 같은 계산을 간단하게 할 수 있어 매우 고가로 취급되었다고 해요.

'존 네이피어의 막대'는 구구단을 나타내는 막대 9개와 어느 행인지를 알려주는 막대 1개를 포함, 총 10개의 막대로 구성되어 있습니다. 그럼 이제 계산법을 볼까요?

1	2	3	4	5	6	7	8	9	
0/1	0/2	0/3	0/4	0/5	0/6	0/7	0/8	0/9	1
0/2	0/4	0/6	0/8	1/0	1/2	1/4	1/6	1/8	2
0/3	0/6	0/9	1/2	1/5	1/8	2/1	2/4	2/7	3
0/4	0/8	1/2	1/6	2/0	2/4	2/8	3/2	3/6	4
0/5	1/0	1/5	2/0	2/5	3/0	3/5	4/0	4/5	5
0/6	1/2	1/8	2/4	3/0	3/6	4/2	4/8	5/4	6
0/7	1/4	2/1	2/8	3/5	4/2	4/9	5/6	6/3	7
0/8	1/6	2/4	3/2	4/0	4/8	5/6	6/4	7/2	8
0/9	1/8	2/7	3/6	4/5	5/4	6/3	7/2	8/1	9

예를 들어 가장 위에 7이라 쓰여 있는 막대를 보면 그 막대는 7단이 적힌 막대라는 것을 알 수 있습니다. 이처럼 각 막대가 뜻하는 구구단을 바탕으로 325×5를 구해본다고 가정하면 3, 2, 5 세 개의 막대를 세워놓고 곱하는 5에 해당하는 수들을 대각선 방향으로 더하면 됩니다. 325×5=1625라는 답이 매우 쉽게 구해지죠?

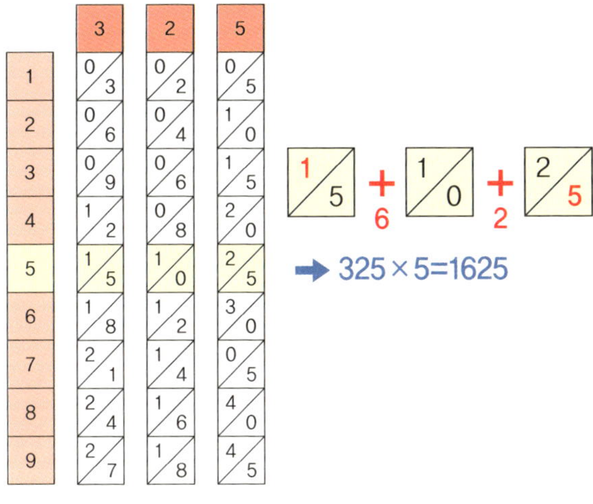

13

히파티아

    한번 떠올려 보자. '여성 수학자'라고 하면 어떤 인물이 먼저 생각이 날까? 아인슈타인만큼이나 훌륭한 인물로 손꼽히는 에미 뇌터? 그녀는 1900년대 독일에서 태어난 유태인으로, 당시 독일의 시대적 배경으로 볼 때 여성으로서 수학자가 되었다는 사실 자체만으로도 굉장하다고 할 수 있다. 그녀는 '뇌터의 정리'라고 해서 수학에서 대칭과 관련한 이론을 세운 사람으로 잘 알려져 있다. 여성이라는 성별로 사회의 높은 문턱을 넘을 수 없어 무보수로 8년 동안이나 대학에서 일을 한 스토리는 수학 연구에 대한 그녀의 집념을 잘 보여준다.

    또한 우리가 잘 아는 여성 수학자로 소피 제르맹이 있다. 에미 뇌터는 수학자인 아버지의 영향을 받은 반면 소피 제르맹은 가족의 반대에도 불구하고 독학으로 수학을 연구해 '정수론'과 '탄성 이론'에 지대한 기여를 하며 수학자이자 물리학자로 명성을 높였다.

우리나라에도 많은 여성 수학자들이 있는데, 최초의 여성 수학자로 '홍임식' 선생님을 이야기할 수 있다. 일제강점기 전후 우리나라엔 수학을 전공한 사람이 거의 없었는데 그중 유일한 여성 수학자다. 나중에 일본으로 유학을 가서 수학을 전공하고 1959년, 한국 여성으로서는 최초로 수학 박사 학위를 받았다.

자, 그렇다면 여기서 퀴즈. 인류 최초의 여성 수학자는 누구일까? 그렇다. 바로, '히파티아'다. 히파티아는 수많은 예술가들에게 풍성한 감성과 영감을 불러일으킨 뮤즈이자 천재 천문학자, 그리고 인류 최초의 여성 수학자였다. 서양의 수많은 근대 문학과 예술에 등장할 정도로 엄청난 유명 인사인 그녀를 이제 만나 보자.

인류 최초의 여성 수학자

히파티아는 370년경, 고대 이집트 알렉산드리아에서 태어났다. 당시 알렉산드리아에는 지구상에서 가장 큰 규모의 도서관이 있었다.

　히파티아의 아버지인 테온은 바로 그 도서관의 관장이었으며, 프톨레마이오스의 《알마게스트》에 주석을 붙일 정도로 높은 수준의 수학자이기도 했다.

　히파티아가 태어난 시대에 수학은 귀족만을 위한 학문이었는데, 이 학문을 여성이 배운다는 것은 상상하기가 힘들었다. 그러나 히파티아는 수학자인 아버지 덕분에 일찌감치 그 영향을 받아 수학에 관심을 갖고 공부를 할 수 있었다.

　히파티아의 아버지 테온은 그녀에게 수학뿐만 아니라 예술, 문학, 자연과학, 철학 등 수많은 학문을 교육시켰으며 수영과 승마, 등산 등 다양한 분야에 대한 가르침을 아끼지 않았다. 그녀의 남다른 아버지 덕분에 히파티아는 훌륭한 철학자이자 수학자로 성장할 수 있는 기반을 닦을 수 있었다.

　이렇게 성장한 히타피아는 고등교육을 받기 위해 아테네에 머물게 된다. 그리고 거기서 수학자로서 서서히 명성을 떨치기 시작한다. 그녀의 명성이 높아지자 알렉산드리아의 행정장관은 아테네에서 배움을 마치고 돌아온 히파티아를 대학에 초빙했다. 당시 최고의 학교였던 '무세이온(Musaeum)'에서 학생들에게 수학과 철학을 가르치는 교수가 된 히파티아는 아버지에게 배운 남다른 강의법으로 높은 인기를 얻었다. 그녀가 강의를 시작한 지 얼마 되지도 않았는데, 이미 세계 각지에서 몰려든 학생들로 히파티아의 강의는 인산인해를 이루었다.

　많은 이가 히파티아를 학자로서 그리고 교양을 두루 갖춘 여성 수학자로서 높이 존경했다. 그녀는 부끄럽지 않게 많은 제자들을 가르쳤고 그 안에서 유명한 인물들을 배출했다. 이후 히파티아의 제자들은 학문의 여신인 뮤즈의 이름을 따 그녀를 '뮤즈의 딸'이라 칭하기도 했다.

뛰어난 미모까지 갖춘 여성 수학자, 미혼으로 일생을 살다

히파티아는 학문만 뛰어날 뿐 아니라 미모까지 남달랐다. 때문에 그녀의 강의가 있는 날이면 대학 앞에는 귀족들의 마차가 줄을 이었으며, 길거리에 나타나면 모든 이들이 그녀에게 고개를 숙여 존경을 표했다. 여러 작품과 자료로도 알 수 있듯 그녀의 미모는 실제로 매우 출중했다고 한다. 그녀의 강의를 듣기 위해 몰려들었던 청년들은 물론이고 귀족들, 심지어 왕족까지 청혼할 정도로 당시 알렉산드리아에서 그녀의 인기는 그야말로 하늘을 찌를 듯했다.

그러나 이러한 인기에도 불구하고 그녀는 미혼으로 일생을 마쳤다. 수많은 남성들이 그녀에게 청혼했지만 히파티아는 그때마다 "나는 이미 진리와 결혼했습니다."라 답하며 그들의 청혼을 정중히 거절했기 때문이다. 그렇게 히파티아는 미혼으로 오직 학문 연구와 강의에 일생을 바쳤다. 그녀는 디오판토스의 《수론(數論, Arithmetica)》, 아폴로니우스의 《기하(幾何, Conics)》 그리고 프롤레마이오스의 천문학설에 대한 부친 테온의 해설서를 편집했다. 그러나 아쉽게도 이 해설서는 모두 소실되어 현재는 존재하지 않는

다. 유일하게 전해져 내려온 저서는《디오판토스의 천문규칙에 관하여》라는 저서의 일부가 유일하다.

알렉산드리아의 학문적 쇠퇴, 그 발화점이 된 히파티아의 죽음

400년, 히파티아는 로마에서 기독교가 공인된 후부터 활동한 수학자로 그녀가 한창 영향력을 발하던 시기는 로마제국에서 철학과 기독교의 갈등이 계속되던 때였다.

당시 기독교는 철학자들을 탐탁히 여기지 않았다. 철학이라는 학문이 영혼 구원이라는 신앙의 영역까지 관심을 보였기 때문이었다. 당시 로마제국은 사상의 자유를 중시했기에 과학을 신봉하던 히파티아를 비롯한 철학자들은 자연스럽게 기독교인들과 갈등을 빚을 수밖에 없었다.

로마제국에서 사상의 자유를 중시하긴 했지만 당시는 여성이 이단으로 몰리면 마녀라 취급되어 화형까지 당했던 시대다. 기독교인과 대립하면서도 자신의 사상을 펼치던 히파티아는 412년, 키릴로스가 새 주교로 임명되면서 위기를 맞는다.

키릴로스는 이단에 매우 강경한 태도를 취했다. 그는 모든 철학은 기독교의 정통성에 어긋나는 장애요소라 주장하며 신성보다 인성을 더 강조하던 네스토리우스파를 이단으로 몰아 공격했다. 이로 인해 지식인들이 주류를 이루던 네스토리우스파는 박해를 이기지 못하고 알렉산드리아가 아닌 다른 지역으로 뿔뿔이 흩어지고 말았다.

키릴로스는 네스토리우스파를 몰아내자 알렉산드리아의 중심적 인사 중 하나였던 히파티아의 존재에게 눈을 돌렸다. 그가 부임하기 전만 하더라도 기독교 성직자들과 큰 마찰을 일으키지 않고 공존하던 히파티아였으나 키릴로스는 철학자였던 그녀에게 매우 부정적인 입장을 취했다.

결국 히파티아는 키릴로스와 그 추종자들에 의해 무차별적인 폭력과 고문으로 죽임을 당했다. 피부가 벗겨져 피투성이가 된 그녀는 마녀라는 이름으로 불속에 던져졌다. 알렉산드리아의 뮤즈였던 그녀의 끔찍한 최후였다.

1510년, 교황 율리우스 2세는 25세의 청년 미술가 라파엘로에게 4개의 벽화를 맡겼어요. 라파엘로는 한쪽 벽에 그리스 로마 문명의 위대한 사상가들을 그려 넣기로 하죠. 한두 명도 아닌 모두를 말이죠!

〈아테네 학당〉은 그렇게 젊은 청년 미술가의 야심찬 작업으로 탄생하게 됩니다. 하지만 그가 이 작품을 발표한 순간, 이 그림을 반대한 이가 있었습니다. 바로 한 주교입니다. 그는 〈아테네 학당〉 그림에서 누군가를 삭제해 달라 요구했습니다. 왼쪽 아래 중앙에 서 있는 한 여인. 바로 히타피아였죠. 주교가 그녀를 삭제하라고 요청한 이유는 무엇이었을까요?

히파티아가 죽자 그녀의 저서를 비롯한 알렉산드리아의 수많은 책들과 문화재들 역시 불구덩이로 던져졌다. 이 사건을 계기로 셀 수 없이 많은 학자들이 알렉산드리아를 떠났다. 학문과 사상의 자

유가 사라진 알렉산드리아는 곧 로마제국의 학문과 문화의 쇠퇴로
이어졌다. 결국 찬란하기 그지없던 고대 그리스로마 문명은 마지
막 페이지를 덮고 역사의 뒤안길로 사라졌다.

신념을 실천한 여성 수학자, 히파티아

학식과 인격 그리고 미모까지 가히 팔방미인이라 불리기에 나무랄 데 없던 히파티아의 비극적인 생은 이후 많은 작품에서 그려졌답니다. 2009년에 영화로 제작된 〈아고라(Agora)〉는 레이첼 와이즈가 주연을 맡아 진리를 위해 세상과 맞서는 히파티아의 모습을 그린 작품이에요.

"아주 조금이라도 정답에 근접할 수 있다면, 기꺼이 죽어도 좋아."

〈아고라〉 속에서 히파티아의 이 대사는 당당히 자신의 신념에 따른 공정함과 정직함, 지적 용기를 실천한 그녀의 삶을 보여 주는 한마디 같습니다. 이 영화는 종교와 철학, 이성과 신성 두 상충되는 분야의 대립과 갈등을 잘 묘사해 세계적으로 호평을 받았지만, 아쉽게도 국내에서는 개봉하지 못했습니다.

수를 알다

우리가 익히 사용하고 있는 수학의 수와 단위 등이 어떻게 만들어졌으며
다양한 예술 작품에서 수학이 어떻게 응용되었는지 알아보자.

14

파이

학교에서 아이들이 손에 초코파이를 하나씩 들고 다니며 먹고 있다. 교실은 왠지 시끌벅적하다. '오늘 무슨 날인가?' 그러고 보니 3월 14일. 어, 화이트 데이 아닌가? 화이트 데이면 사랑하는 여자한테 사탕을 선물해야 하는데….

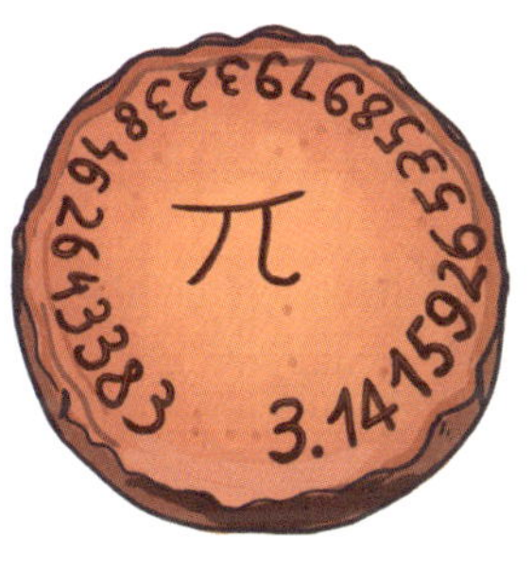

화이트 데이의 시작은 원래 성 발렌티노 축일의 의미를 지닌 2월 14일 밸런타인데이부터였다. 이날에는 여성이 남성에게 초콜릿을 주는 날로 고정이 되었는데, 이후 일본의 사탕 제조업자들이 "초콜릿 주는 날이 있으면 사탕 주는 날도 있을 수 있지! 이번에는 남

자가 여자에게 주자!"해서 3월 14일을 '화이트 데이'로 만들고 엄청난 사탕 매출을 일으켰다. 매사에 치밀한 일본답게 1978년부터 2년이나 준비해 1980년 3월 14일에 첫 화이트 데이를 시작했다고 한다.

그런데 2017년쯤부터 3월 14일에는 편의점이나 각종 마트에 놓인 사탕들 사이로 스멀스멀 파이들이 등장하기 시작했다. 게다가 2019년 3월 14일, 오리온에서는 '파이 데이'를 기념하기 위해 이벤트를 하는 게 아닌가? '정'을 나누고 싶은 사람에 대해 글을 쓰면 추첨을 해서 100명에게 초코파이 선물 세트를 나눠준다고? 아니, 우리나라에서 언제부터 사탕이 아닌 초코파이로 3월 14일을 기념하게 됐지? 원래 3월 14일은 사랑을 고백하는 '화이트 데이'로 기억되었지만, 요즘에는 우리나라에서도 '파이 데이'를 기념하는 행사가 늘어나고 있다. 그렇다면 '파이 데이'란 대체 뭘까?

파이 없으면 어쩔 뻔했니?

오리온에서 '정 나누기' 행사를 했다면, 우리나라의 한 고등학교에서는 조금 더 의미 있는 행사가 열렸다. 벽보에는 이런 문구가 적혀 있다.

원주율의 소수점 아래에 있는 숫자 중에서 의미 있는 숫자 하나에 형광 색 표시를 해서 응모함에 넣어 주세요. 추첨을 해서 파이를 드립니다.

학생들은 저마다 숫자를 표시해서 넣었고, 선생님들도 모두 참여했다. 나중에 추첨을 통해 학생들은 맛있는 초코파이를 먹을 수 있었다. 이 행사가 끝나자 학생들은 "발렌타인 데이보다 훨씬 의미 있었어요. 수학과 친해질 수 있는 시간이었어요!" 하고 입을 모아 좋아했다고 한다. 이 기사를 보는 내 마음도 어찌나 기쁜지. 그렇다면 '파이 데이'란 어디서부터 시작이 된 것이고, 또 어떤 의미를 담고 있는 걸까?

2009년 3월 14일 미국의 한 광장. 사람들의 웅성거리는 소리와 함께 큰 행사가 시작된다. 미국의 한 유명한 수학 동아리에서 개최한 행사다. 바로, 프랑스의 수학자이자 선교사인 자르투(P.Jartoux)가 원주율 3.14를 고안한 것을 기념하기 위해서다. 이날을 시작으로 전 세계적으로 파이 데이를 기념하는 이들이 굉장히 많아졌다고 한다. '파이'라는 것은 그리스어로 둘레를 뜻하는 '$περιμετρος$'의 첫 글자에서 유래된 원주율 기호인데, 미국에서 자주 먹는 '파이'라는 단어와 발음이 같아 '파이 데이'라고 정하고 그날에는 '파이'를 먹고, 만들고, 교환하는 등의 다양한 행사를 열기도 한다. 우리나라도 2017년 3월 14일을 교육부가 '수학과 친해지는 날'로 정하고, 실제로 일부 학교와 과학관 등에서 관련 행사를 개최한다고 한다.

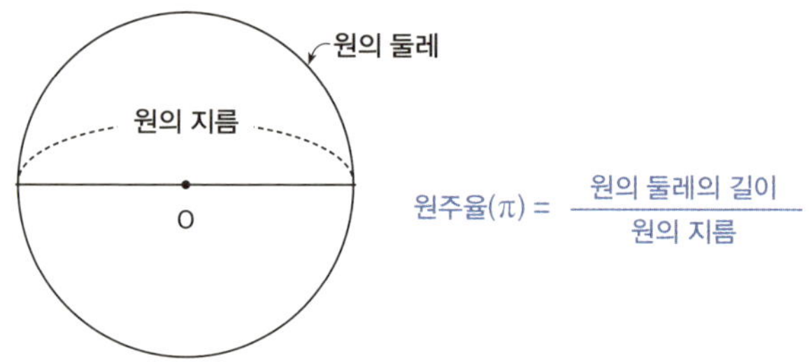

그렇다면 '파이'는 얼마나 대단한 발견이기에 기념일까지 정하게 된 걸까? 사실, 파이의 발명은 수학뿐 아니라 기하학, 과학, 물리학 등에서도 지대한 영향을 미쳤다. 원주율은 지금도 가장 중요한 상수 가운데 하나이며, 원의 둘레와 지름의 비율을 나타내는 이 '파이(π)'를 모르면 원의 넓이를 구할 수 없다. 뿐만 아니라 타원, 부채꼴, 입체의 부피 등 다양한 문제를 해결하는 데 파이는 필수적이다. 뫼비우스의 함수를 다룰 때도 이 파이가 계속 등장한다. 또 케임브리지 대학의 지구과학자 한스 헨릭 스튈룸은 다음과 같은 사실을 밝혀냈다. 흐르는 강의 시작과 끝 지점을 연결한 거리를 D라 하고, 실제로 배를 타고 강을 따라가면서 잰 거리를 R이라 할 때, 꼬불꼬불한 강의 길이 D에 대한 R의 비, 즉 $\dfrac{R}{D}$의 평균값이 파이(π)라는 것이었다. 이밖에도 과학에서는 정밀한 계산을 할 때 원주율을 3.1416 또는 3.14159로 계산하고, 인공위성 등 첨단의 계산에서는 소수점 아래 30자리까지 계산된 원주율을 사용한다고 하니, 파이의 활용 범위가 얼마나 넓고 무궁무진한지 알 수 있다.

수학의 가장 오래된 명제

"원은 세상에서 가장 아름답고 완벽한 도형이다!"

그리스 최고의 철학자인 아리스토텔레스는 "원과 구는 지구에 존재하는 가장 신성한 형태다!"라고까지 말하는데, 그러다 보니 당시 사람들은 이 신성하고 아름다운 도형인 원의 둘레의 길이, 구의 겉넓이를 재는 것에 아주 관심이 많았다. 이것은 '수학의 가장 오래된 명제'가 되었다. 그렇다면 역사 기록으로 볼 때 세상에서 가장 먼저 원주율을 알아낸 사람이 누구일까?

파피루스 문서에는 고대 이집트인들의 수많은 기록이 담겨 있다. 그중에서도 수학에 관한 내용들이 담긴 린드 파피루스는 길이 5.5m, 폭 0.33m의 문서인데 아마 수학을 교육시키기 위한 지침서로 사용되었을 것이다. 여기에 담긴 내용들을 보면 고대 이집트의 수학이 얼마나 발달했는지 잘 알 수 있다. 린드 파피루스는 기원전 1700년경에 쓰였다고 추정되는데, 여기에 이미 원주율에 관련된 내용이 등장한다. '원주율은 3.16이다.'라는 것이다. 게다가 이것은 기존의 파피루스에서 가져다 쓴 것이라 하니 원주율은 이미 그 전에 발견되었는지도 모른다.

이후 기원전 225년에는 고대 물리학자이자 수학자인 아르키메데스(Archimedes)가 다시 원주율을 계산했는데, 원에 내접하는 정 96각형과 외접하는 정 96각형을 이용했다. 즉, 정 12각형, 정 24각형, 정 48각형과 같이 변의 개수를 2배씩 계속 늘려서 정 96각형을 그린 다음 그 둘레를 재면, 원의 지름이 1m일 때, 안쪽과 바깥쪽에 있는 정 96각형의 둘레는 각각 3.1408…m와 3.1428…m가 된다. 아르키메데스는 이 두 값의 사이에 있는 수인 3.1418이 원주율이라는 답을 얻었다. 현재 원주율인 3.14159…와 약 0.0002의 차이밖에 나지 않으니 이 얼마나 놀라운가! 아르키메데스의 이 계산법은 '다각형법'이라 하여 지금도 엄청난 발견이라 일컬어진다.

그로부터 300년 후인 서기 150년경에는 고대 그리스 최대의 천문학자이자 점성술사였던 프톨레마이오스(Ptolemaios)가 원주율이 3.141이 된다는 것을 밝혀냈다. 중국 고대의 수많은 수학자들도 이 원주율에 큰 관심을 보였고 많은 노력을 기울였다. 중국 남북조시대 송의 수학자이자 천문학자였던 조충지(祖沖之)는 선인들의 연구를 기초로 계통적 연구를 진행하여 1,000번이 넘게 계산했다고 한다. 그래서 마침내 원주율이 3.1415926보다 크고 3.1415927보다 작다는 것을 알아냈다. 대략 22/7, 정확하게는 355/113=3.141592…. 조충지는 이것을 밀율(密率)이라 불렀고, 이는 역사상 처음으로 소수점 이하 6자리까지 정확히 원주율을 계산한 것이다. 이 계산은 유럽에 비해 1000년이나 앞서 얻어낸 성과였고, 그 당시 원주율에 관한 계산을 새로운 단계로 진입시킨 연구라 회자한다. 일본의 수학자들은 조충지의 밀율을 존경하는 뜻으로 '율'의 시조라는 의미를 두고 조율이라 부르고 있다. 그 외에도 1896년 네덜란드의 수학자 루돌프 반 쾰렌(Ludolph van Ceulen)은 원주율을 소수점 이하 35자리까지 계산했다.

파이는 루돌프 수?

독일에서는 원주율 3.14를 루돌프 수(Ludolphine number/Ludolf number)라고도 부른다. 루돌프라니, 산타클로스를 태우고 다니는 그 루돌프 사슴? 아니, 이 이름은 바로 네덜란드의 수학자 '루돌프 반 쾰렌(Ludolph van Ceulen)'의 이름에서 따온 것이다. 그는 원주율을 계산하는 데 빠져 일생을 보낸 사람이기도 하다. 1596년 그가 집필한《원에 대하여》라는 책에는 원주율을 20자리까지 발표했고, 이후 35자리까지 계산해 세계를 놀랍게 했다. 그래서 3.14는 독일에서 '루돌프 수'라 불리게 됐고, 그의 묘비에까지 이 숫자가 새겨져 있다.

루돌프 이후의 수학자들은 도형을 그린 것이 아니라 수식을 이용해서 원주율을 구했다. 원주율을 구하려는 수학자들의 지속적인 노력에 힘입어 영국 수학자 윌리엄 생크스(William Shanks)는 놀랍게도 소수점 707번째 자리까지 구했고, 1949년에는 최초로 컴퓨터를 이용해서 π의 값을 소수 800자리까지 계산했다고 한다. 2019년 3월에는 소수점 이하 31조 4,000억 자리까지 π의 값을 구하기도 했다.

컴퓨터가 발명되기 전 많은 수학자들이 'π의 값'을 구하는 데 일생을 바쳤다고 하니, 그들의 노력이 오늘날에 끼친 영향이 얼마나 대단한지 수학을 사랑하는 사람으로서 감동이 밀려온다.

끊임없는 도전, 원주율

많은 수학자가 π의 값을 구하기 위해 일생을 바쳤지만, 아마 우리 삶에서는 이게 뭐가 그렇게 중요할까? 싶었을 거예요. 하지만 어떤 수학자는 "π가 없었다면 인류가 지금의 문명을 누리고 있을지 의문이다!"라고 말했을 정도로 이 수는 중요하답니다.

```
3.1415926535897932384626433832795028841971693993751058209749445923
0781640628620899862803482534211706798214808651328230664709384460955
0582231725359408128481117450284102701938521105559644622948954930380
1964428810975665933446128475648233786783165271201909145648566923460
3486104543266482133936072602491412737245870066063155881748815209209
6282925409171536436789259036001133053054882046652138414695194151
160943305727036575959195309218611738193261179310511854807446237996
27495673518857527248912279381830119491298336733624406566430860213
49463952247371907021798609437027705392171762931767523846748184676
94051320005681271452635608277857713427577896091736371787214684409
0122495343014654958537105079227968925892354201995611212902196086403
44181598136297747713099605187072113499999983729780499510597317328
1609631859502445945534690830264252230825334468503526193118817101000
3137838752886587533208381420617177669147303598253490428755468731158
9562863882353787593751957781857780532171226806613001927876611195909
2164201989 ···
```

이것이 π의 소수점 1,000자리까지의 숫자입니다. 앞에서 살펴본 파이 데이에 가장 많이 열리는 것이 바로 이 원주율 외우기 행사인데요. 현재 기네스 기록은 2005년에 중국의 차오루라는 대학생이 24시간 동안 6만 7,890자리까지 외운 것이라고 해요. 우리나라에서도 포스텍(postech)의 한 학생이 2007년에 3,500자리까지 외운 기록이 있다고 합니다. 우리 문명 발달에 엄청난 기여를 했다는 원주율, 여러분도 외워보면 어떨까요?

15

단위

한국인과 외국인 친구가 이야기를 하고 있다.

"네 남자친구 키가 몇이야?"

"글쎄, 한 6쯤?"

"6? 뭔 소리야, 160이란 거야?"

"아, 6피트라고."

"6피트? 6피트면 대체 몇이라는 거야, 센티미터로 얘기하라고!"

우리는 일상 속에서 '단위'와 관련된 표현을 굉장히 많이 쓰게 된다. 어쩌면 세상 모든 것에는 단위가 붙는지도 모른다. 그런데 높이, 넓이, 깊이 등을 표현하는 이 단위들은 나라마다, 분야마다 사용이 달라서 간혹 혼란을 겪기도 한다. 6피트와 약 180cm는 같은

길이지만 그 숫자에서는 엄청난 차이가 나듯, 아주 작은 수의 차이
라 하더라도 단위에 따라 큰 차이가 나기도 하기 때문에 단위가 중
요한 문서에서는 거듭 확인이 필수다. 그래야 1999년에 일어난 그
참사와 같은 일이 다시는 일어나지 않을 것이다.

화성은 다음 기회에!

　1999년, 공중파 방송의 메인을 장식한 사건이 삽시간에 전국으
로 퍼져 나갔다. 어마어마한 폭발 사진을 배경으로 선 앵커가 흥분
한 목소리로 말했다.

　"아무리 과학이 발달해도 사람의 실수를 막을 수는 없나 봅니다.
세계의 두뇌가 다 모였다고 하는 미국 우주항공국이 화성 탐사선
을 쏠 때 미터를 마일로 잘못 입력을 해서 1,400억 원짜리 우주선
이 폭발하고 말았습니다."

이 보도는 사실이었다. 그리고 전 세계는 충격에 휩싸였다. 화성을 탐사하기 위해 NASA에서 발사된 탐사선이 우주 한가운데서 산산조각이 난 것이다. '탐사선을 발사하는 과정에서 어떤 음모가 있었던 걸까?', '대체 어떤 실수가 있었던 거지?' 우주항공국에서는 부랴부랴 조사를 했고, 그 결과 어처구니없는 사실을 발견했다. 화성 기후 탐사선의 제작사인 미국 기업 록히드마틴은 미국에서 사용하던 단위인 '야드파운드법'을 기준으로 탐사선을 제작했는데, 탐사선을 실제로 조종하게 된 미국항공우주국(NASA)은 계기판에 표시된 숫자들을 '미터법' 단위로 이해했다는 것이다. 그러니 조종할 때 모든 수치를 잘못 계산하게 됐고, 탐사선은 계획보다 훨씬 낮은 궤도에 진입하다 결국 사고가 나고 말았다.

미 과학자 연맹의 존 파이크(John Pike)는 "이같이 초보적인 실수를 저질렀다는 사실도 놀랍지만, 그 이후에도 줄곧 문제를 발견하지 못했다는 사실도 놀라울 뿐이다."라고 인터뷰했다.

이 사고는 단순히 놀라움에 그치지 않는다. 화성의 기후는 어떠한지, 물이 있는지 등 여러 상태를 체크하기 위해서는 수많은 측정 도구들이 있을 테고 우주에서 오래 버텨야 하는 만큼 세밀하게 제작되었을 것이다. 그 말은 곧 엄청난 돈이 투입되었다는 뜻이다. 그렇다면 이 사고로 잃은 손실액은 얼마일까? 무려 1억 2,500만 달러, 우리나라 원화로 바꾸면 약 1,400억 원이라는 큰 금액이다.

미터와 야드는 모두 길이를 재는 단위이긴 하지만, 미국에서는 미터를 사용하지 않고 야드를 사용한다. 1야드는 약 0.9144미터. 우주 탐사에서 가장 중요하다고 할 수 있는 궤도 계산에서 측정 단위가 잘못되었으니, 그 결과는 천문학적인 금액의 손실로 나타나는 수밖에. 우주로 산산조각난 탐사선은 흔적조차 찾을 수 없었고, 화성을 탐사하는 것은 결국 다음 기회가 되고 말았다.

이 사건이 벌어지고 난 후 NASA는 같은 해 12월 3일에 다시 착륙 예정인 다른 우주선 두 척에 대해 혹여 같은 실수가 벌어지지 않을까 조마조마하며 부랴부랴 조사에 들어갔다고 뉴스에 보도되기도 했다.

명칭과 길이가 다른 각 나라의 단위

탐사선 사건에서 보았던 것처럼 우리가 사용하는 단위는 각 나라마다 차이가 있답니다. 삼국지에 보면 "관우의 키는 아홉 자(척) 정도 되었다."라고 나오고 그의 외관을 "두 자 길이 수염을 가진 대춧빛 얼굴이다."라고 표현하는데, 우리나라에선 키를 '자'라고 사용하지 않잖아요. 이처럼 나라마다 사용하는 단위가 다른데요. 중국에서 사용하는 '한 자(척)'은 손을 쫙 폈을 때 엄지에서 중지까지의 길이를 의미한다고 해요. 처음에는 18cm 정도였지만 차차 길어져 한나라 때는 23cm 정도, 당나라 때는 24.5cm 정도였으니 삼국지에 나오는 시대는 한나라 바로 이전이므로 당나라 이전의 도량형으로 계산하면 관우의 키는 약 $24.5 \times 9 = 220cm$ 정도였다고 할 수 있겠네요.
또 영국에서 사용하는 '야드'라는 단위는 코끝에서 팔을 뻗어 엄지손가락까지의 길이를 의미합니다. 이집트에서는 '큐빗'이라는 단위를 사용하는데, 팔꿈치에서 중지까지의 길이를 뜻한대요. 피라미드를 지을 때 이 단위를 사용했겠죠?

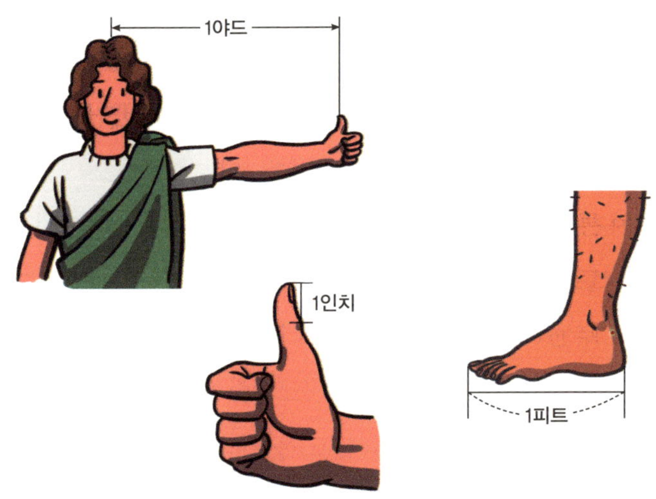

요즘 부쩍 키가 쑥쑥 자라는 일곱 살짜리 아들에게 아버지가 묻는다.

"우리 아들 요새 키가 정말 많이 자랐구나? 작년보다 얼마나 많이 자랐는지 한번 볼까?"

"음, 작년에 비해서 한 뼘이나 자랐어요."

"오, 한 뼘씩이나?"

아버지는 아들의 키를 재두었던 벽면에 자신의 손을 갖다 댄다. 그러면서 고개를 갸웃한다.

"한 뼘? 아빠가 보기에 아닌 것 같은데?"

그러자 아들이 손바닥을 쫙 펼쳐 갖다 대면서 말한다.

"맞잖아요. 한 뼘."

그러자 정확히 아들의 손에 꼭 맞춰지는 게 보인다.

"오, 그렇구나. 네 한 뼘만큼 자랐구나!"

'뼘'이라는 것은 엄지손가락과 다른 손가락을 완전히 펴서 벌렸을 때 두 끝 사이의 거리를 의미한다. 성경에 보면 이를 '반 큐빗'이라고 표현하는데, 약 23cm라는 것을 보니 성인의 한 뼘을 기준으로 한 것이다. 그러니 아들과 아버지의 '한 뼘'은 말은 같아도 실제 길이에는 차이가 있을 수밖에 없다.

이처럼 우리가 일상 속에서 너무나 당연하게 사용하는 단위들이 있다. 킬로미터, 미터, 센티미터 등은 길이를 잴 때 사용한다. 또 무게에는 킬로그램, 그램 등을 사용하고 용량을 표현할 때는 리터, 밀리리터 등을 사용한다. 한 뼘이 반 큐빗이고, 반 큐빗은 한 자가 좀 넘으니 이것을 잘못 표기할 경우 얼마나 큰 혼란이 생길까? 앞의 탐사선 사고처럼 말이다.

이런 단위 중에서도 '미터(meter)'는 현재 미국, 미얀마, 라이베리아를 제외한 전 세계 모든 국가에서 길이를 재는 데 사용된다. 미국에서는 야드파운드법을 사용하고 있다. 야드파운드는 길이를 잴 때는 '야드'라는 단위를, 질량을 잴 때는 '파운드'를 사용한다는 뜻이다. 야드파운드단위는 고대 이집트에서 비롯되어 영국에서 확립됐는데, 우리나라에서는 1963년 12월 이후 일반 거래에 사용

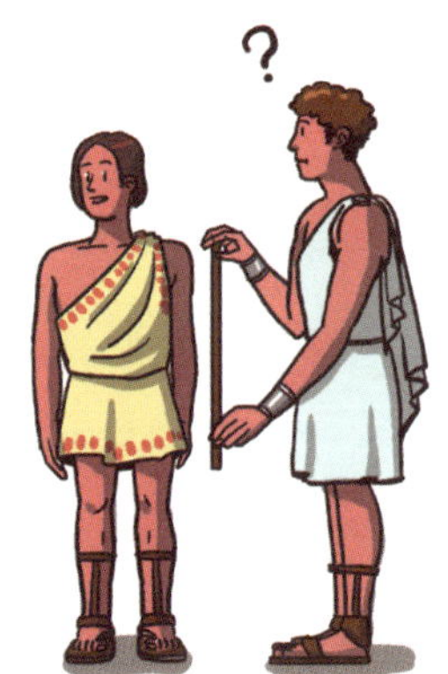

할 수 없게 되었다. 그렇다면 대체 우리 인간은 언제부터 이런 단위들을 사용하게 되었을까? 고대 그리스의 철학자 프로타고라스(Protagoras)는 '인간은 만물의 척도다'라는 말을 남겼다.

척도라는 말은 많이 들어보았지만 그 뜻을 정확히 표현하기는 어려울 것이다. 사전을 찾아보면 '자로 재는 길이의 표준, 평가하거나 측정할 때 의거할 기준'이라는 뜻으로 나온다. 따라서 이 말을 해석하면 "인간은 모든 것을 측정하는 기준이 된다."라는 의미다. 그래서 실제로 옛날 로마에서는 사물의 길이를 잴 때 사람의 신체를 이용했다고 한다. 나무의 길이, 담벼락의 높이 등등. 그런데 아버지의 한 뼘과 아들의 한 뼘이 다르듯, 사람마다 신체 길이가 다르니 키가 작은 사람의 신체로 잰 것과 키가 큰 사람의 신체로 잰 것은 그 길이의 숫자가 다를 수밖에 없었다.

　이런 문제로 분쟁이 생기자 로마의 왕은 선포했다. "이제는 길이를 잴 때 나의 발 길이를 기준으로 하겠다!" 즉, 왕의 발가락 끝에서부터 뒤꿈치까지의 길이를 기준으로 해서 세상의 모든 사물의 길이를 측정하겠다는 뜻이었다. 하지만 또 문제가 발생했다. 왕이 죽고 새로운 왕이 세워지면 새 왕의 발이 기준이 되어야 하는데, 어떻게 발의 길이가 같을 수가 있겠는가? 그런데도 '왕의 발을 기준으로 한다.'라는 명 때문에 어쩔 수 없이 계속 왕의 발 길이를 재어 그것을 길이를 재는 단위로 사용했기에 사람들은 곧 엄청난 혼란 상태에 빠지게 된다.

　고민에 빠졌던 로마인들이 드디어 변하지 않는 기준을 정하기에 이른다. '단 하나의 발 사이즈에 근거한 길이를 기준으로 하고 그 단위는 피트라고 한다.' 피트라는 말은 우리가 잘 알듯이 Foot의 복수형에서 온 말이다. 그 후로 한쪽 발을 기준으로 한 '피트'라는 단위를 공통으로 사용하게 되었는데, 그 길이는 우리나라에서 쓰는 cm의 단위로는 약 30cm 정도다. 아마도 우리나라에는 1피트라는 단위를 사용해서 발사이즈를 잴 수는 없을 것이다. 아무리 키가 커도 발사이즈가 30cm가 넘는 사람은 흔하지 않을 테니 말이다. 아, 과거 이름을 날렸던 농구선수 서장훈의 발사이즈는 32cm였다고 하니 1피트가 좀 넘겠다.

"단위를 통일하자!"

"빨간색 비단 5피트만 잘라 주시오."

"5피트? 여긴 중국이야, 이 사람아! 몇 자를 달라고 해야지!"

시대가 바뀌고 세상이 바뀌면서 사람들은 자신의 나라에 머무르지 않고 다른 나라와 교류를 하기 시작했다. 여러 물품을 교환하기도 하고 서로의 나라를 여행하기도 했다. 그런데 단위가 너무 다르니 어찌나 불편한지. 사람들은 편리함을 위해 단위를 통일하자고 외치기 시작했다.

특히 길이, 무게, 부피 등 일상에서 자주 사용하는 도량형에 대해서는 반드시 통일이 필요하다고 생각했다. 이러한 변화는 1789년 프랑스 대혁명을 기점으로 일어나기 시작했다. 당시 프랑스에서는 도량형이 정확하지 않아 여러 문제가 발생했다. 자, 저울 등 길이, 부피, 넓이 등을 재는 기구나 단위가 정확하지 못하다 보니 어떤 사람은 자신이 가진 토지의 면적을 속여 세금을 적게 내기도 하고, 물건을 사고 팔 때에도 양, 길이, 부피 등을 속이는 문제가 생기기도 했다.

당시 나폴레옹을 정계에 등장시킨 프랑스의 정치가이자 외교관이었던 탈레랑 페리고르(Charles-Maurice de Talleyrand)는 '영원히 바뀌지 않을 것을 기준으로 단위를 만들자.'라고 주장하고 과학 아카데미와 함께 새로운 도량형의 기준을 세우게 된다. 어떻게 해야 변하지 않는 기준을 만들 수 있을까를 생각하던 중 지구의 자오선을 재는 방법을 고안한다. 여기서 자오선(子午線)이란 천구(天球)의 두 극과 천정(天頂)을 지나 적도와 수직으로 만나는 큰 원을 의미한다. 문제는 대체 이렇게 먼 거리를 '누가 측정하느냐?'였다. 이에 지원자가 둘이 있었는데 천문학자인 들랑브르(J. Delambre, 1749-1822)와 메솅(P. Mechain, 1744-1804)이었다.

두 사람은 그 길로 7년이라는 긴 시간 동안 지구의 자오선을 재기 위한 여행을 떠나게 된다. 두 사람은 서로의 자료를 합쳐 적도에서 북극까지의 거리를 만들었고, 이것을 다시 1천만 분의 1로 나누게 된다. 그러고는 "지구 자오선 길이의 4,000만 분의 1을 1m로 하자!"라고 결정하게 된다. 이것이 바로 우리가 잘 알고 있는 '미터법'

으로, 미터를 길이, 리터를 부피, 킬로그램을 무게의 기본 단위량으로 하는 십진법 도량형 단위이다.

지금까지 나온 어떤 단위보다 가장 정확하다고 여긴 프랑스 사람들은 이 도량형을 사용하게 되었고, 1875년 프랑스의 주최로 열린 국제회의에서 '미터법조약'이 체결되면서 세계적인 도량형법으로 채택된다. 우리나라에도 1902년부터 이 미터법이 도입되었는데, 실제로 완전히 통일하여 실시한 것은 1960년 법령이 발표되고부터다. 1799년 제정된 길이 표준은 앞에서 말한 대로 지구 자오선의 4,000만 분의 1이었으나, 현재는 그것과 다르다는 사실이 밝혀졌기 때문이다(지구는 시간이 흐르면서 변화했고, 지금도 역시 변화하고 있다).

이후 지구 자오선의 길이를 기준으로 삼을 수 없다고 판단한 사람들은 '어떻게 하면 정확하게 1m를 정의할 수 있을까' 하고 고민과 연구를 거듭한 끝에, 1m를 '빛이 진공 상태에서 2억 9,979만 2,458분의 1초 동안 진행한 거리'로 정의 내렸다. 자연과학에서는 도량형의 표준제도 외에도 시간의 표준 초(秒)와, 전류의 표준 암페어(A)까지도 합한 단위계를 미터법이라 하고 있고, 경우에 따라서는 여기에 온도의 표준과 빛의 밝기의 표준까지도 포함시켜 미터법이라고 한다니 미터법이 얼마나 중요한 단위법인지 알 만하다. 미터법을 만들기 위해 천문학자들이 장장 7년이라는 세월을 투여했으니, 그 노력과 열정이 얼마나 대단한가.

노아의 방주는 크기가 얼마나 될까?

구약성경의 〈창세기〉를 보면 하나님이 노아에게 만들라고 명했던 '노아의 방주'에 대한 기록이 나옵니다. "고펠나무(지금의 전나무)로 만들되 길이 300큐빗, 폭 50큐 빗, 높이 30큐빗으로 만들어 너의 가족과 모든 종류의 짐승들을 이 배에 태워 홍수를 피하라!"고 했죠. 얼마나 큰지 감이 좀 오나요? 모든 종류의 짐승들을 다 태운다고 하니 엄청 커야 할 것 같긴 한데, 정확히 감은 잘 오질 않죠? 비행기 정도 되려나? 항 공모함 정도 되려나?

'큐빗'이라는 단위를 미터로 바꾸면 노아가 만들었던 방주의 크기는 무려 길이 약 135m, 폭 약 23m, 높이 약 14m 정도가 된다고 합니다. 정말 엄청난 크기죠?

완전수
세상에서 가장 아름다운 수

　'아름답다'는 느낌은 어떤 것일까? 감히 표현할 수도, 흉내 낼 수도 없을 정도로 아름답게 물든 노을. 쳐다보는 이를 그 속까지 감출 수 없게 투영하는 에메랄드 빛 호수. 말로도 표현하기 힘든 광경을 볼 때 우리는 소위 '아름답다'는 말로 그 느낌을 표현하게 된다.

　그러나 사실 이 '아름답다'는 느낌은 시대가 흐르면서 그 기준이 매우 달라지는 말 중 하나다. 예술 쪽에서 그 예를 찾아보자. 한때 예술에서의 아름다움은 얼마나 있는 그대로를 잘 표현했는지, 얼마나 똑같이 그렸는가가 아름다움의 기준이 된 적이 있었으며, 또 다른 때에는 얼마나 사람들의 감정을 잘 표현했는가가 아름다움의 기준이기도 했다. 여기서 한 가지, 많은 사람들이 자연이나 예술에

서 아름다움을 느끼던 그때, 수학자들은 옛날부터 수 자체로부터 아름다움을 찾았다고 한다. "오, 아름다운 수여!" 숫자만 봐도 머리가 아픈데 수가 아름답다고? 그렇다면 수학자들은 과연 수로부터 어떤 아름다움을 찾았던 걸까? 우리와 달리 세상 모든 것을 수로 생각한 피타고라스와 그의 제자들에게 있어서 수는 그 자체가 아름다움이었다. 그러나 그들에게도 모든 수가 다 같은 아름다움을 가진 것은 아니었다. 수많은 수들 가운데서도 '가장 아름다운 수'가 존재했다고 하며 그들은 그 수에 '완전수'라는 이름을 붙였다.

피타고라스와 그 제자들이 가장 아름다운 수라고 이름 붙인 수, 완전수는 과연 어떤 수일까? 답은 바로 '자연수 중 자신을 제외한 약수의 합이 자신과 같은 수'다.

이해가 가지 않는다고? 그렇다. 위 조건이 대체 무슨 아름다움을 가졌다는 건지 이해하지 못하는 사람이 많을 것이다. 그러나 고대 그리스에서는 이 기준을 바탕으로 수에게 아름다움을 부여했고, 아름다울 뿐만 아니라 신비로움까지 담겨 있다고 생각했다.

신비한 수, 완전수

그럼 지금부터 완전수라는 것에 대해 자세히 알아보자. 완전수에 대한 수많은 의미들 그리고 전해지는 이야기들이 많지만 수학적인 것으로만 완전수를 이야기하자면 '자기 자신을 제외한 약수의 합이 바로 자기 자신인 수'라고 말하는 것이 가장 정확하다. 이런 완전수를 고대 그리스에서는 모두 4개를 찾아냈는데, 그 중 두 개의 수가 6과 28이다.

먼저 6을 살펴보면 6의 약수는 1, 2, 3, 6이다. 거기서 6을 제외하고 1, 2, 3을 더하면 6이 나온다.

1+2+3=6

완전수의 조건에 딱 맞는 것이다. 고대 그리스 사람들은 수에 신비함이 있어서 황금비율처럼 비례, 질서 그리고 조화로 아름다움을 느꼈다고 한다. 때문에 숫자 6처럼 그 자신과 약수의 합이 완전히 일치하는 것에서 신비로움과 완전함을 느끼는 것이다. 로마 사람들은 특히 첫 번째 완전수인 6을 사랑의 상징, 비너스 여신과 연결해서 생각했다. 6=2×3에서 2는 여성, 3은 남성을 뜻하고, 6은 여성과 남성의 결합을 나타낸다고 생각한 것이다.

그리고 또 하나, 숫자 6을 완전수로 여기는 이유는 성경 제일 처음 부분인《창세기》편에서 찾아볼 수 있다.《창세기》편을 보면 하나님께서 6일 동안 세상을 만드시고 7일이 되는 날은 쉬었다고 하는 내용이 나온다. 여기에서 신이 6일 동안 세상을 다 만들었기 때문에 6이 완전수라고 설명하는 사람도 있고, 반대로 6이 완전수이기 때문에 신조차도 6일에 맞추어 모든 것을 만든 것이라고 말하는 사람도 있다.

이처럼 고대인들은 완전수의 개념을 수학적인 특성뿐 아니라 종교적으로도 의미를 가진 신비스러운 것으로 이해했다고 볼 수 있다. 두 번째 완전수인 28의 경우, 달이 지구 주위를 도는 공전주기가 28일이기 때문에 완전수로서 의미가 있다고 설명하기도 한다.

$$1+2+4+7+14=28$$

이러한 완전수에 대한 최초의 기록은 유클리드(Euclid)의《원론(Elements)》에서 찾아볼 수 있다. 기원전 약 300년경에 살았던 유클리드는《원론》제9권에 완전수를 다음과 같이 명시했다.

"단위 길이에서 시작하여 그 길이를 계속 두 배 하고, 이들의 합이 소수가 될 때까지 더하고, 그 소수와 마지막 수를 곱하면 그 곱은 완전수이다."

고대 그리스 시대에는 일반적인 수를 문자로 나타내는 대수적 표기법이 아직 발달하지 않았다. 그래서 수를 대신해 선분으로 표현했는데,《원론》에 기록된 완전수의 내용을 현대적 의미로 나타내면 단위 길이는 1이고, 1에다 계속해서 두 배 한 것이 2, 4, 8, 16, 32, 64,…이다. 그러므로 1+2+4+8+16+…가 소수가 될 때까지 더하고, 합인 소수와 마지막 수를 곱한 수가 완전수라는 뜻이다.

예를 들어 1+2=3이므로 3은 소수이고 이때의 마지막 수가 2이므로 $3 \times 2=6$, 즉 완전수 6을 구할 수 있다. 또 1+2+4=7이므로 7은 소수이고 이때의 마지막 수가 4이므로 $7 \times 4=28$, 즉 완전수 28을 구할 수 있다.

또 다른 특별한 수, 친화수

이렇게 수학에서는 그 숫자의 성질에 따라 수를 구분할 수 있는데요. 완전수와는 약간 다르긴 하지만 서로 특별한 관계가 있는 수가 또 있습니다. 바로 220과 284인데요. 이 두 수는 모두 완전수는 아니지만, 과연 또 어떤 신비함이 숨겨져 있을지 궁금하죠?

일단 220의 약수의 합과 284의 약수의 합을 한번 알아보죠.

$$1+2+4+5+10+11+20+22+44+55+110=284$$
$$1+2+4+71+142=220$$

그렇습니다. 220과 284는 약수의 합이 상대의 수가 되는 관계예요. 이런 두 수를 우리는 '친화수'라고 부릅니다. 스위스의 물리학자이자 수학자인 오일러는 이런 친화수를 64세트나 찾아냈답니다.

완전수를 찾아라!

"정말 완전수는 4개밖에 없는 걸까?"

고대 그리스에서 완전수를 4개 찾은 이후, 많은 사람이 궁금했다. 과연 '완전수가 4개밖에 없는가'하는 것이었다. 그래서 많은 수학자들이 완전수를 찾기 위해 연구를 했고, 그 외에 더 많은 완전수를 찾아내기에 이르렀다. 수학자들은 추가로 찾아낸 완전수들에 각각 이름을 붙이기도 했고, 또 다른 방법으로 완전수를 표기하기도 했는데, 결국 'Perfect number(완전수)'의 머리글자인 'P'에 번호를 붙이는 방법으로 수를 표시하기로 결정했다.

예를 들어 첫 번째 완전수 6은 P_1, 두 번째 완전수 28은 P_2, ⋯ 등과 같은 표기법으로 완전수를 나타내기로 한 것이다.

$$P_1 = 6$$
$$P_2 = 28$$
$$P_3 = 496$$
$$P_4 = 8128$$
$$P_5 = 33550336$$
$$\vdots$$

추가 완전수가 더 있긴 하지만 숫자가 많아질수록 완전수의 자릿수만 해도 엄청나게 늘어났다. 그리고 여덟 번째 완전수인 P_8을 발견한 사람은 바로 수학자 레온하르트 오일러(Leonhard Euler). 무려 19자리나 되었다. 1811년, 피터 바로우(Peter Barlow)는 오일러가 발견한 19자리의 수인 여덟 번째 완전수에 대해서 "이것이 사람이 찾은 가장 큰 완전수가 될 것이다."라고 평가했다. 컴퓨터가 없던 그 시대에 더 큰 완전수를 찾으려면 대체 몇 년이 걸릴지도 모를 일. 아마 이 말에는 '누가 할 일 없이 더 이 일을 하고 있겠냐!'라는 의미도 담겨 있었을 것이다.

그러나 바로우의 예상과 달리 수많은 수학자가 더 많은 완전수를 찾기 위해 오일러 이후에도 계속 매달렸다. 그 결과 완전수는 하나씩 하나씩 더 발견되었고, 수학자들은 여기에 그치지 않고 "완전수를 찾을 수 있는 공식을 만들 수는 없을까?"하며 연구를 하기 시작했다.

하지만 완전수를 찾는 공식을 알아내기 위해서는 완전수들을 모아 놓고 그 특성을 비교해야 하는데 그러려면 완전수들의 약수를 모두 찾아내야 한다는 큰 난관이 있었다. 완전수를 찾는 것 이상으로 완전수의 약수를 세는 일이 버거웠기 때문이다. 그러나 결코 포기할 수 없었던 수학자들! 정말 밥 먹고 화장실 가는 시간까지 거르며 연구에 매달린 그들은 결국 완전수를 찾는 공식을 정리하는 데에 성공했다. 자, 다시 한번 완전수들을 자세히 살펴보자.

$$P_1 = 6 = 2 \times 3$$
$$P_2 = 28 = 2^2 \times 7$$
$$P_3 = 496 = 2^4 \times 31$$
$$P_4 = 8128 = 2^6 \times 127$$

위의 열거한 완전수는 모두 짝수라는 사실을 알 수 있다. 그리고 그 수들은 모두 아래와 같은 형태를 띠고 있다.

$2^{m-1} \times (2^m-1)$, (단, 2^m-1은 소수)

이러한 공식은《원론》제9권에서 이미 증명된 공식이다.

"2^m-1이 소수이면 $2^{m-1} \times (2^m-1)$은 완전수이다."

유클리드의 공식으로 찾을 수 있는 완전수들은 모두 짝수인데 약 2000년 뒤, 오일러는 짝수인 완전수들은 모두 유클리드의 공식으로 찾을 수 있다는 것을 밝혀냈다.

"짝수의 완전수는 반드시 '$2^{m-1} \times (2^m-1)$, 2^m-1은 소수'의 형태다."

이후 많은 사람들이 유클리드의 공식을 바탕으로 완전수를 찾기 위해 도전했다. 1952년까지 총 12개의 완전수를 찾아냈으며, 그해 SWAC 계수형 계산기로 n=521, 607, 1279, 2203, 2281의 완전수 5개를 추가로 발견했다. 1980년에는 n=86243, 110503, 132049, 216091, …. 1994년에는 n=756839, 859433, …. 계속해서 완전수들이 밝혀지면서 현재까지 알려진 완전수는 모두 33개이다.

이쯤 되니 '완전수가 아름답다!'고 생각했던 수학자들이 조금은 이해가 되는지? 아름다움에는 각자의 기준이 다르겠지만 수가 가진 아름다움을 발견해내고, 또 수만의 아름다움에 의미를 찾기 위해 고군분투한 많은 수학자들. 그들이 있었기에 현대의 우리는 수가 그려 내는 다양한 아름다움을 볼 수 있는 건지도 모른다.

홀수인 완전수는 존재하지 않는 걸까?

완전수 속에 숨겨진 비밀 하나가 있습니다. 궁금하다고요? 바로, 모두 짝수라는 사실이에요. 현재까지 찾은 완전수는 모두 33개인데, 그중 홀수는 하나도 없답니다. 그러면 홀수인 완전수는 존재하지 않는 걸까요? 글쎄요. 이 문제는 아직 풀리지 않은 미해결 문제로 남아 있답니다.

"홀수의 완전수가 있다면 그 실례를 보여 주고, 만약 없다면 그것에 대하여 증명하라."

도전은 우리의 몫입니다. 홀수인 완전수의 존재를 가장 먼저 밝혀내는 사람은 과연 누가 될까요? 지금도 수의 비밀을 찾기 위한 사람들의 노력은 계속되고 있답니다.

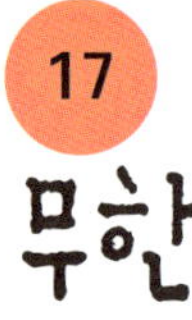

무한

무한개의 객실이 있는 호텔

"이 일은 정말 언제 끝나는 거야? 끝이 없네, 끝이 없어."

"시간이 왜 이렇게 안 가는 거야? 정말 한없이 느리게 가네."

"하늘만큼 땅만큼 사랑해. 아니, 하늘과 땅을 더한 만큼에 1을 더 더한 만큼 사랑해."

위 문장들은 우리가 일상 속에서 흔히 사용하는 말들이다. 여기서 수학적인 부분을 찾아본다면 어떤 부분일까? 이 문장들은 우리가 '무한'이라는 개념을 자주, 쉽게 사용하고 있다는 것을 잘 보여주고 있다. '무한'은 측정할 수 없지만, 분명 수학적 개념이다.

우리는 생활 속에서 이토록 자주 사용하는 '무한'이라는 수의 개

넘을 정확하게 이해하고 사용하는 걸까? 아마 이 책을 읽는 여러분 역시 머리를 긁적일지 모른다. 참 쉽게 사용하지만 그 개념을 말해 보라 하면 애매모호한 개념인 '무한'. 이번에는 무한에 대하여 알아보는 시간을 가져보자.

신의 영역이라 불리던 무한에 손을 뻗은 수학자, 칸토어

앞서 얘기했던 문장 중 '하늘과 땅을 더한 만큼에 1을 더 더한 만큼'이라는 문장을 한번 생각해 보자. 하늘도 땅도 상상할 수 없을 만큼 큰데 여기에 1을 더한다? 물론 지면에서부터 하늘(대기권이라 친다면)까지의 높이에 땅의 크기(지구라는 행성에서 바다를 제외한 땅덩어리들)를 정밀하게 측정해 더한다는 것은 논리적으로 가능한 이야기다. 그러나 저 문장을 말한 사람이 정말로 이런 정밀한 계산을 생각하며 저 문장을 말했을까? 아마도 아닐 것 같다. 저 문장을 사용한 그 누군가는 '가늠할 수 없을 만큼 크게' 혹은 '헤아릴 수 없을 정도로 많이'라는 뜻으로, 즉 무한(無限)이라는 뜻으로 저 문장을 사용했을 것이다.

없을 무(無)에 한계 한(限). 무한은 이처럼 수나 양, 공간이나 시간에 어떠한 제약이나 한계가 없는 것을 뜻하는 단어다. 영어로는 Infinite. 여러분이 좋아하는 영화 〈아이언맨〉과 〈캡틴 아메리카〉

등 마블 시네마틱 유니버스에서 최고의 악당으로 등장한 타노스가 사용한 인피니티 스톤의 인피니티 역시 바로 이 무한이라는 뜻을 담고 있다.

끝이 없는, 한없이 커지는 상태. 이를 무한하다고 얘기하는 건 쉽지만 수학자들에게 있어서 이 무한이란 용어는 너무나 큰 골칫거리였다. 심지어 이 무한은 철학적 영역에서까지 문제적인 개념이었으며 현대에 이르러서야 수학적으로 정립되었다.

무한과 관련된 유명한 수학자 중 한 사람은 바로 19세기 러시아의 수학자였던 게오르크 칸토어(Georg Cantor)다. 칸토어는 한 명제를 발표함으로써 정신병원에서 죽게 되는 안타까운 최후를 맞았다. 과연 어떤 명제를 발표했기에 칸토어는 비참한 운명을 맞게 됐던 걸까?

기원전 350년, 유클리드라는 고대의 수학자는 "부분은 전체보다 작다."는 명제를 발표했다. 이 명제는 수학의 가장 기본적인 명제로 오랜 시간 사용되었다. 그런데 칸토어는 바로 이 명제를 뒤엎어버리는 명제를 발표한 것이다. 1874년 칸토어는 '짝수 집합은 자연수의 집합보다 작지만, 짝수의 개수와 자연수의 개수는 같다.'는 명제를 발표했다.

자, 여기서 한번 생각해 보자. 칸토어의 명제는 과연 맞는 말일까? 무한을 이미 알고 있는 우리 입장에서 볼 때 짝수도 무한이고 자연수도 무한이다. 그렇다면 당연히 홀수까지 포함하고 있는 자연수 쪽이 더 개수가 많다고 볼 수 있지 않을까? 칸토어는 자신의 명제를 아래와 같이 설명했다.

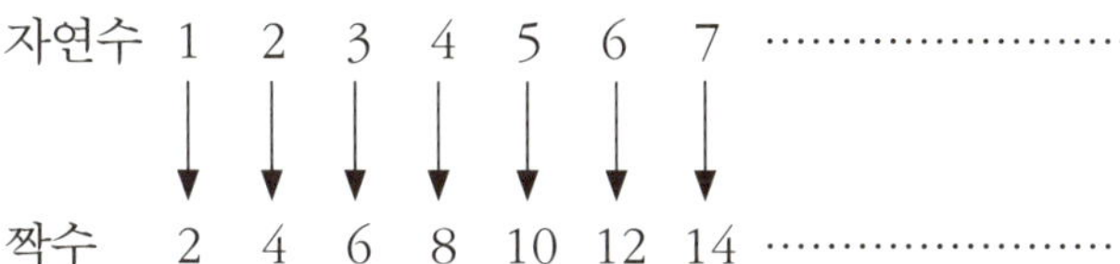

칸토어는 자연수와 짝수, 두 집합이 '일대일 대응'을 하기 때문이라고 자신의 명제를 설명했다. '일대일 대응'이란 두 집합의 원소들이 빠지는 일도 없고 남는 일도 없이 짝지어지는 대응을 뜻한다. 자연수의 집합과 짝수의 집합에서 자연수 1은 2와, 자연수 2는 4와, 자연수 3은 6과 짝이 지어진다는 말이다.

이 '일대일 대응'으로 두 집합을 보면 자연수가 아무리 커져도 짝을 지을 짝수는 존재하므로 결국 자연수의 수만큼 짝수의 개수 역시 존재한다. 따라서 '짝수의 집합이 자연수의 집합보다 작지만 짝수와 자연수의 개수는 같다'는 명제가 성립되는 것이다!

칸토어의 주장에 당연히 수학자들과 철학자들은 난리가 났다. 그들은 "이게 무슨 말도 안 되는 소리냐!"부터 시작해 "유한한 인간이 감히 신의 영역인 무한을 논하다니!", "무한을 언급한 것조차 해선 안 될 짓인데 무한을 계산하다니!" 등 엄청난 비난을 하며 칸토어의 주장을 받아들이지 않았다.

당시 수학계는 무한을 금기시했던 터라 칸토어의 주장은 그야말로 마른하늘에 날벼락 맞을 소리였다. 물론 지금 우리가 보기에는 그야말로 혁명적인 명제였지만 그 당시의 학자들은 그의 주장을 받아들이지 않는 정도가 아니라 그를 사기꾼으로 매도했다. 심지어 칸토어의 스승이었던 '레오폴드 크로네커(Leopold Kronecker)' 역시 칸토어를 사기꾼이라 부르며 칸토어가 대학교수로 임명되는 것에 반대했다. 사고방식이 닫혀있던 당시 수학계, 철학계의 맹비난과 공격적인 언행으로 인해 칸토어는 그만 정신병에 걸려버렸고, 결국 남은 생을 정신병원에서 보내다 죽음을 맞게 되었다.

힐베르트의 무한호텔 역설

칸토어가 무한을 다뤘다가 비극적으로 사망하고 얼마 뒤, 그의 뒤를 이어 무한을 다룬 수학자가 나타난다. 바로 19세기 말부터 20세기 초에 활동했던

독일의 수학자, 다비드 힐베르트(David Hilbert)다.

힐베르트는 당시 동료 학자들 중에서도 군계일학과 같은 존재로 가장 위대한 수학자들 중 하나로 손꼽히던 인물이었다. 그리고 그

는 무한이 가진 성질을 설명하기 위해 '힐베르트의 무한 호텔 역설 (Hilbert's paradox of the grand hotel)'이라는 예제를 사용했다. 그 럼 이 '힐베르트의 무한 호텔 역설'이 무엇인지 알아보자.

수학의 본질은 사고의 자유에 있다

칸토어는 그가 저술한 논문에 "수학의 본질은 사고의 자유에 있다."라고 말할 정도로 당시의 폐쇄된 사회와 세계에 당당히 맞섰던 인물이었습니다. 그러나 이러한 칸토어의 사고방식은 당연하게도 그 시대 수학자들이나 철학자들에게 환영받지 못했어요. 결국 금기시되던 영역인 무한에 손을 뻗었다는 말도 안 되는 죄로 인해 칸토어는 정신병원에서 생을 마감하는 비극적 운명을 맞게 된 것이죠.

아무도 나서지 못하던 영역에 도전한 칸토어의 정신, 당당히 아무도 건드리지 못하던 명제를 건드린 칸토어의 저항. 이처럼 틀을 깨고 그 너머의 영역에 도전하는 사람들이 없었다면 우리는 여전히 한계라는 틀에 갇힌 유한의 세계에서 살고 있었을지도 모릅니다.

신이 우리에게 호기심과 무모함을 준 것은 알지 못하는 것들을 밝히고, 미지의 세계를 한 조각씩 넓혀가며 끝없는 지식과 세계를 탐험하라 허락한 게 아닐까요?

물론 칸토어는 지나치게 앞서나갔던 탓에 사회와 학계로부터 매장 당했지만 칸토어의 '무한집합론'은 그가 사망한 뒤 현대 수학의 원동력이 되었습니다. 현재 우리가 중학교, 고등학교 수업과정에서 배우는 현대수학의 기초가 된 연구였기 때문이죠. 칸토어는 집합을 집대성한 인물로도 매우 유명합니다. 비록 생전에는 인정받지 못했지만 이러한 칸토어의 중요한 연구들은 현대 수학의 이정표로써 오늘날에는 매우 높이 평가되고 있습니다.

여기, 한 호텔이 있다. 호텔의 이름은 힐베르트 호텔이다. 신기하게도 이 호텔은 객실을 무한개나 소유하고 있다. 어느 날, 한 손님이 힐베르트 호텔에 찾아왔다. 그러나 아쉽게도 무한개나 되는 방이 전부 차 있는 상태였다. 프런트의 직원은 죄송하다는 말과 함께 손님을 거부하려 했다. 그런데 바로 그때, 후다닥 달려 나온 지배인이 손님에게 방법이 있다며 안내 방송 마이크를 잡았다.

"아아, 우리 호텔에 묵고 계신 모든 손님 여러분께 잠시 안내 방송 드리겠습니다. 지금 이 방송을 들으시는 즉시, 모두들 짐을 꾸려 바로 옆 객실로 옮겨 주시길 바랍니다. 감사합니다."

지배인이 안내 방송을 마치자 힐베르트 호텔의 모든 손님들은 짐을 꾸려 바로 옆 객실로 방을 옮기기 시작했다. 1호실에 묵던 손님은 2호실로, 2호실에 묵던 손님은 3호실로, 3호실에 묵던 손님은 4호실로 방을 옮겼다. 시간이 흐르고, 모든 손님들이 객실 이동을 마치자 지배인은 새로운 손님을 빈방으로 안내해 주었다. 그 방은 바로 2호로 옮겨간 손님이 비운 1호실 방이었다.

잠시 후, 조금 전보다 더 큰 난관이 힐베르트 호텔을 엄습해 왔다. 무한대의 자리를 가진 관광버스를 타고 온 무한대의 손님이 힐베르트 호텔에 들이닥친 것이다. 프런트의 직원은 사색이 된 얼굴로 이 일을 어떻게 하면 좋으냐며 지배인을 쳐다보았다. 그러나 지배인은 여유로운 미소를 지으며 당당하게 다시 마이크를 잡고 입을 열었다.

"우리 힐베르트 호텔에 머물고 계신 손님 여러분, 다시 한 번 죄송한 안내 방송을 드리겠습니다. 지금 이 방송을 들으시는 즉시, 모두 짐을 꾸려 머물고 계신 객실의 번호에 2를 곱한 수의 번호가 적힌 방으로 이동해 주시길 바랍니다. 감사합니다."

지배인의 방송을 들은 손님들은 또 다시 방을 옮겨달란 말에 짜증이 났지만 짐을 꾸려 지배인이 얘기한 방으로 이동을 시작했다. 1호실의 손님은 2호실로 방을 옮기고, 2호실의 손님은 4호실로 방을 옮기고, 3호실의 손님은 6호실로, 4호실의 손님은 8호실로 방을 옮겼다. 그렇게 모든 손님들이 이동을 마치자 모든 홀수 번호의 방

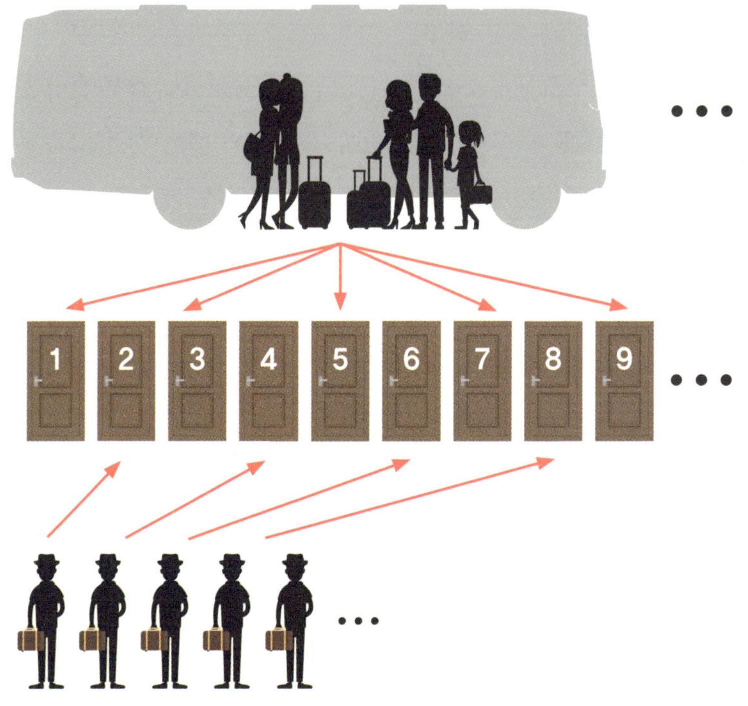

이 빈방이 되었다. 지배인은 무한대의 손님들을 비워진 홀수 번호 객실로 안내함으로써 힐베르트 호텔에 닥친 난관을 여유만만하게 해결했다.

힐베르트의 이러한 예제를 들은 동료들은 '어이가 없다.', '장난하는 거냐?', '말도 안 된다. 절대 존재할 수 없는 호텔이다.'라며 힐베르트의 예제에 반응했다. 그러나 모두 그가 제시한 이 예제를 통해 한 가지를 확실하게 깨달았다. 현실적으로는 절대 존재할 수 없는 이 말도 안 되는 '힐베르트의 호텔', 무한이란 어떤 수를 더하거나 곱하거나 그 결과는 모두 무한이라는 것이다. 그만큼 이 무한이라는 개념이 얼마나 특이하고 신비한지를 알게 된 것이다.

자신의 논문에서 무한을 언급했던 천문학자

앞서 언급된 칸토어 이전에도 무한을 언급한 이가 있었습니다. 바로 "그래도 지구는 돈다."라는 명언으로 유명한 갈릴레오 갈릴레이(Galileo Galilei, 1564-1642)가 그 주인공입니다.

갈릴레오는 칸토어보다 3세기나 빠른 시기인 16세기의 철학자이자 천문학자이고, 과학자이자 수학자였죠. 지동설을 주장하다가 종교재판을 받게 된 갈릴레오는 사형을 면하는 대신 피렌체의 집에 갇혀 살게 되었는데요. 이 시기에 그는 수학, 과학, 철학 개념들에 대한 고찰을 통해 많은 것들을 남겼습니다. 그리고 그중 무한에 대한 개념을 언급한 논문이 바로 '두 가지 새로운 과학에 대한 대화와 수학적 논증' 이란 논문입니다.

갈릴레오는 '두 가지 새로운 과학에 대한 대화와 수학적 논증' 이란 논문에서 모든 자연수와 그 제곱수를 일대일로 대응시켜 1은 1의 제곱인 1로, 2는 2의 제곱인 4로, 3은 3의 제곱인 9로와 같이 무한히 수를 대응시키면 자연수와 제곱수의 일대일 대응이 가능하다는 것을 깨달았던 것이죠. 칸토어와 마찬가지로 갈릴레오는 자연수와 제곱수의 개수는 같다는 것을 알아냈습니다.

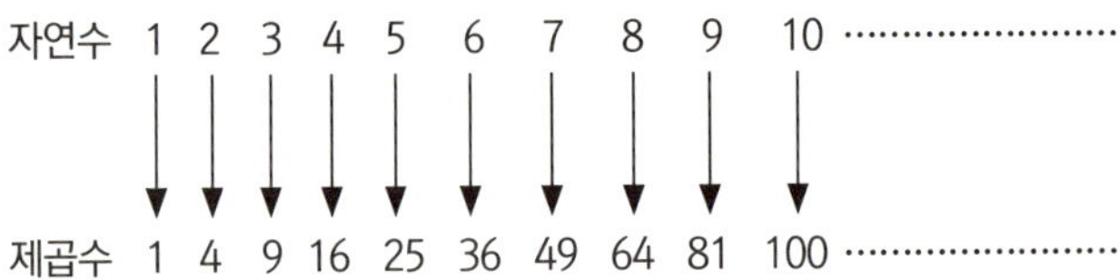

하지만 갈릴레오는 이 사실을 발견한 뒤, 이 내용에 대한 논문은 더 이상 쓰지 않았다고 하는데요. 그가 논문을 쓰지 않은 이유는 과연 무엇이었을까요? 무한이 가진 그 신비한 성질에 대한 두려움 때문은 아니었을까요?

요세푸스 순열

살기 위해 쓴 수

　죽느냐 사느냐 하는 절체절명의 위기에 놓였을 때 번뜩이는 기지로 목숨을 구한다면? 수많은 인물이 등장하는 《삼국지》에서 그런 대표적인 인물을 꼽는다면 바로 '가후'가 되겠다. 반란족의 습격을 받아 위태로운 지경에 처한 가후는 수십 명의 무리와 함께 포로 신세가 되어 목숨이 경각에 달리게 되었는데, 이때 번뜩이는 기지로 위기를 모면했다. 상대의 심리를 활용한 임기응변으로 결국 마지막까지 살아남은 가후는 자신의 주인을 여러 차례 바꾸며 난세에도 성공적인 이직 신화를 창출한 진정한 처세의 달인이라 평가된다. 영화 〈마션(The Martian)〉 속의 주인공 '마크 와트니(Mark Watney)'도 처세를 넘어 생존의 달인이라 할 만하다. 과학자인 마

크 와트니는 화성에서 살아남기 위해 자신의 모든 과학적 지식을
동원해 생존했다.

"포기는 없다, 눈앞의 문제부터 해결해 살아남으라!"

그런데 여기, 수학적 지식을 발휘해 죽음의 순간에서 살아남은
또 하나의 인물이 있다. 당시 유대의 정치가이자 역사가였던 '플라
비우스 요세푸스(Flavius Josephus)'다. 죽느냐 사느냐 하는 순간,
수학적 방법으로 살아남을 수 있었던 요세푸스의 흥미진진한 이야
기 속으로 들어가 보자.

유대인의 아픈 역사를 지닌 천연 요새, 마사다

마사다는 기원전 37년 유대의 헤롯 대왕이 지은 궁전이다. 절벽
위에 자리한 이 궁전에서는 사해와 유대 사막이 한눈에 내려다보
인다. 헤롯 대왕은 동방박사들이 갓 태어난 유대인의 왕을 보기 위
해 예루살렘으로 오자 진짜 유대인의 왕이 올 것이 두려운 나머지,
"베들레헴에서 갓 태어난 모든 아이들을 모조리 죽여라!"라고 명을
내린 왕으로 잘 알려져 있다.

그가 지은 마사다 궁전은 우리에게 '요새'로 잘 알려져 있지만,

여기에는 유대인의 비극적인 역사가 고스란히 담겨 있다.

당시 로마제국은 자신들의 보호 아래 헤롯을 유대왕으로 내세웠지만, 서기 46년부터는 아예 유대 지역을 속주로 삼고 직할 통치를 하게 된다. 마사다 궁전 역시 로마 주둔군이 차지했지만, 서기 66년 이곳은 로마 통치에 대항하여 반란을 일으키고 예루살렘으로부터 도망쳐 온 유대인들의 피난처가 된다. 마사다에 집결한 유대인들은 최후의 항전을 벌였다. 하지만 이곳을 포위한 로마 제10군단은 벽 주변에 8개의 진지를 구축하고 노예를 동원하여 인공 능선을 만들어 치밀하게 공성전을 펼쳤다. 외부와 완전히 고립된 채 식량도 물도 다 떨어져가는 절망적인 상황이었지만 천연 요새 마사다에서 유대인들은 3년을 저항하며 용케 버텼다. 그러나 도와줄 이도, 탈출할 방법도 없는 이곳에서 더는 버틸 수 없는 지경에 이르자 지도자 엘리아자르 벤 야이르는 다음과 같은 마지막 연설을 했다.

"형제들이여, 우리는 로마와 맞서 싸운 마지막 용사들입니다. 새벽이 오면 우리는 저들의 포로가 될 것입니다. 그러나 지금은 자유로우므로 부끄럽지 않게 죽을 기회가 우리에게 있습니다. 그것은 치욕을 당하고 노예로 끌려가지 않도록 아내와 자식들을 우리 손으로 죽이고, 우리도 스스로 목숨을 끊는 일입니다. 자! 노예가 되기보다 자유라는 이름의 수의(壽衣)를 입읍시다!"

이렇게 결의한 그들은 각자의 집으로 돌아가 가족과 마지막 인사를 나누고 차례로 가족들을 제 손으로 죽였다. 그리고 다시 모여

열 사람씩 조를 짜서는 제비뽑기를 통해 한 사람이 아홉 명을 죽이는 방식으로 죽음의 의식을 반복해서 치렀다. 최후의 한 사람은 전원이 죽은 것을 확인하고는 성에다 불을 지른 후 자결했다. 다음 날, 성에 진격한 로마군은 타다 남은 재 속에 놓여 있는 960여 구의 시체를 발견했다. 이 현장에서 살아남은 사람은 다섯 명의 아이들과 함께 지하도에 숨어 있던 두 명의 여인, 단 일곱 사람뿐이었다. 이들이 당시 상황을 증언함으로써 마사다의 이야기는 오늘날까지 전해질 수 있었다.

죽음의 순간, 수학적 지식으로 기지를 발휘한 요세푸스

이런 비극적인 유대인의 반란은 요세푸스가 쓴 《유대 전쟁사》에 의해 알려진 내용이다. 예루살렘에서 사제의 아들로 태어난 요세푸스는 자신도 아버지의 뒤를 이어 사제가 되었다. 그의 혈통은 하스모니안 왕조와 닿아 있다고 추정되는데, 이런 덕분인지 그는 하

스모니안 왕조의 역사적 상황을 잘 알 수 있었고《유대 전쟁사》에 이를 기록할 수 있었다. 하지만 놀랍게도 이 요세푸스는 유대 민족의 배신자라는 타이틀이 따라다니는 사람이다.

유대인은 로마 통치에 반발하여 반란을 일으켰다. 요세푸스는 로마와 타협하길 원했지만 자신의 의사와 관계없이 반란의 지휘관이 되었다. 하지만 로마군을 당해낼 수 없었던 유대 군대는 절벽 위에 위치한 요타파타로 도망쳤고, 로마군은 그 주위를 포위하게 된다. 요세푸스는 요타파타를 요새화해서 무려 47일간 로마군의 공격을 막아냈지만 역부족이었다. 결국 요타파타는 함락되었고, 요세푸스는 다른 40명의 결사대와 함께 지하 동굴로 피신하게 된다. 하지만 누군가의 밀고로 그 지하 동굴도 로마군에게 발각되었고, 로마군은 요세푸스와 동료들에게 항복하라고 권고한다. 하지만 결사 대원들은 항복하느니 차라리 죽음을 택하겠다면서 집단 죽음을 선택하기로 결정한다. 제사장이었던 요세푸스는 자살은 신 앞에 부도덕한 일이니 차라리 규칙을 정해서 차례로 한 명씩 죽이자고 제안을 한다. 이것이 바로 살아남기 위해 수학을 이용한 일화로 유명한 '요세푸스 문제'다.

요세푸스의 의견에 따르기로 한 결사 대원들은 차례로 서로를 죽였고 끝내 41명 중 2명만이 남게 되었다. 이 두 사람은 바로 요세푸스와 다른 한 대원이었다. 하지만 이 두 사람은 서로를 죽이는 대신 로마군에게 항복하고 목숨을 건지게 되었다. 포로로 잡혀갔던 요세푸스는 로마군에게 적극적으로 협조해서 예루살렘을 무너뜨리는 데 큰 도움을 주었고, 마사다가 무너지면서 결국 유대는 로마에게 무너져버렸다.

살아남은 행운인가, 살기 위한 지략인가?

민족을 배신하고 로마편에 섰던 요세푸스가 살아남게 되었던 것은 우연이었을까? 아니면 계획적이었을까? 먼저, 어떤 규칙으로 유대 결사 대원들이 서로를 죽였는지 한번 살펴보자. 물론 이 규칙은 요세푸스의 제안으로 알려졌다. 먼저, 요세푸스를 포함한 41명의 결사 대원들은 동그랗게 둘러앉아 1부터 41번까지 번호를 매겼다.

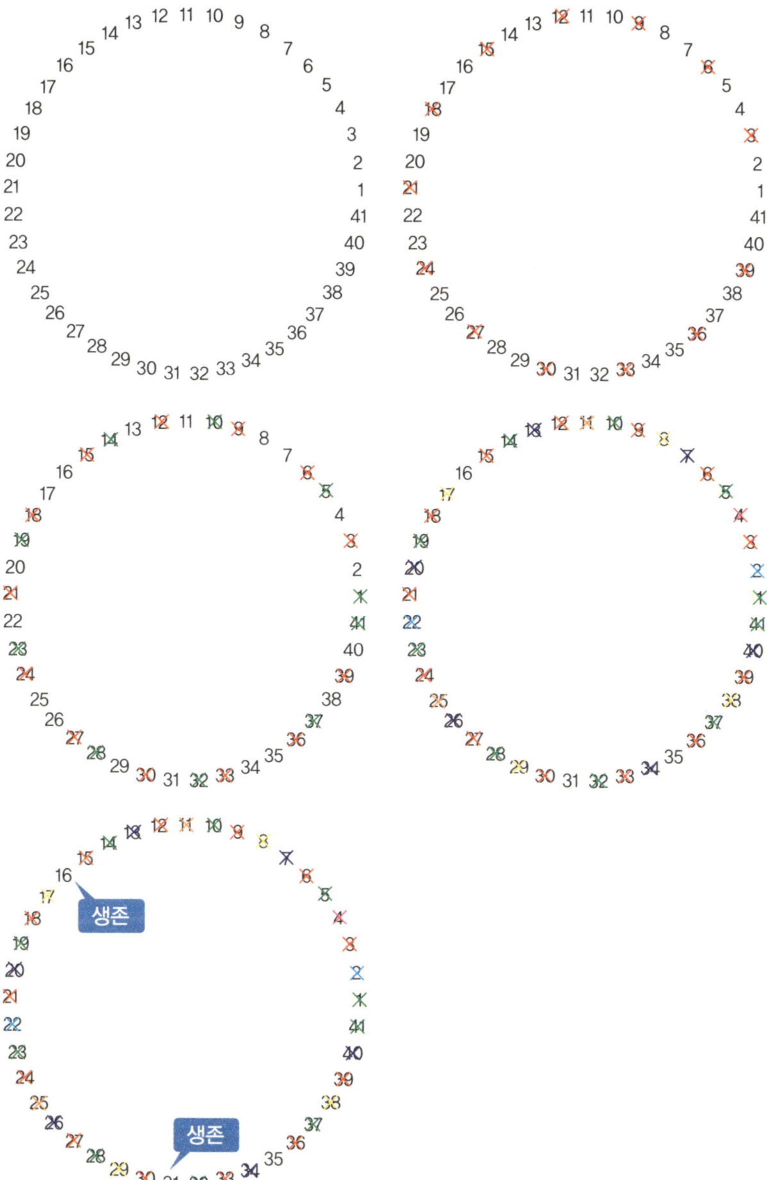
생존
생존

먼저 3의 배수에 앉은 사람들을 죽인다. 그러고 난 뒤 39번의 다음 순서는 1번이 된다. 다시 똑같은 방법으로 3의 배수에 앉은 사람들을 죽인다. 41번의 다음 순서는 7번이 된다. 같은 방법으로 계속해서 반복하면 결국엔 16번과 31번만이 남는다. 요세푸스는 16번이었고, 마지막에 함께 남은 31번을 설득해서 로마에 항복한 것이다. 요세푸스는 자신의 수학적 지식을 이용해 살아남을 번호를 미리 알아낸 다음 동료들을 설득하고 실행에 옮기기까지 치밀하게 계획했다. 이것을 오늘날 우리는 요세푸스 문제(Josephus problem) 혹은 요세푸스 순열(Josephus permutation)이라 부른다. 기호로 나타내면 (m, n)인데, n은 전체 수, m은 m번째 순서를 뜻한다. 결사대원들이 이용한 규칙을 요세푸스의 순열 기호로 나타내면 (3, 41)이 된다.

살기 위해 자신의 수학 지식을 총동원해 결국 목숨을 구했지만, 유대 민족의 배신자로 낙인찍히게 된 요세푸스. 하지만 그런 사실을 그대로 전한 그의 책《유대 전쟁사》가 있었기에 나라를 지키기 위해 끝까지 저항했던 유대인의 모습이 생생하게 전달되고 있는 것이다. 아마도 요세푸스는 살아남는 것이 진정 애국이라 생각한 것이 아닐까? 하지만 현실은 민족의 배신자라니 정말 안타깝기 짝이 없다.

요세푸스의 변명!

망국의 역사를 기록한 유대인 요세푸스는 유대인들 입장에서는 상당히 골 때리는 인물이에요. 로마에 붙어 여생을 안락하게 보냈으니 정통 유대인들 입장에서 매국노입니다. 하지만 요세푸스를 단순히 매국노라 생각하기엔 복잡한 문제가 있습니다. 앞장서서 나라나 동료들을 팔아먹은 것이 아니라, 패배가 확실해진 상황에서 자살 대신 투항을 택했기 때문이에요. 생존을 택한 것이 나라를 팔아먹은 것과 동일시될 수 있을까요? 그걸로 그를 매국노라 부르기엔 무리가 있을 거예요. 그리고 그가 쓴 책에는 유대인의 역사에 대한 자부심과 유대교에 대한 애정, 봉기의 실패로 자신의 동족에게서 떨어진 비극적 운명에 대한 한탄이 절절하게 드러납니다.

요타파타에서 서로를 죽이는 방식으로 버티다 마지막에 자신과 한 사람만이 남았을 때, 그를 설득해서 로마군에 투항한 것은 분명 윤리적 문제가 있습니다. 그런데 《유대 전쟁사》를 살펴보면 실제로 유대인들은 요세푸스에게 "지휘관답게 자결하지 않는다면 우리가 너를 죽이겠다."라며 협박했습니다. 요세푸스가 "나는 그들을 다 데려오고 싶었지만 답이 없었다."라고 변명할 여지는 있는 셈이죠.

19 피보나치 수열
자연이 만들어 낸 수의 법칙

혹시 이런 말을 들어본 적이 있는가? "자연 속에는 수의 법칙이 숨겨져 있다." 이 말이 사실이라면? 이제부터 이 말에 얽힌 한 수학자 이야기를 해보려고 한다.

레오나르도 피보나치(Leonardo Fibonacci)는 이탈리아의 피사 출생 수학자로 피사의 레오나르도(Leonardo of Pisa)라고도 불리는 인물이다. 그는 아라비아에서 발전된 수학을 공부하면서 이를 다시 유럽의 사람들이 이해할 수 있도록 정리하고 전파했다. 이러한 업적으로 피보나치는 그리스도교 여러 나라에 수학을 부흥시킨 영향력 있는 인물이 되었다.

피보나치는 아버지가 아프리카 북안 부지항의 피사 상무 관장이었던 덕분에 어린 시절부터 수학과 가까워질 수 있는 환경 속에 있을 수 있었다. 어려서부터 수판 계산법을 학습할 수 있었으며, 이슬람교 학교를 다니면서 인도 기수법까지 익힐 수 있었고, 성장하면서 이집트와 시리아를 비롯해 그리스와 시칠리아 등지를 여행하며 다양한 계산법을 습득할 수 있었다.

그렇게 성장한 피보나치는 피사로 돌아온 후 1202년에 이르던 해, 그동안 갈고닦은 수학적 지식을 바탕으로 마침내《산반서(Liber Abaci)》라는 수학책을 저술하게 된다. 총 15장으로 구성되어 있는 이 책은 아라비아의 산술 및 대수 지식을 다루는 수학서로, 집필된 이래로 수세기 동안 유럽 여러 나라를 거쳐서 수학원전 역할을 했다고 알려져 있다. 피보나치는《산반서》에 아래와 같은 말을 적어 두었다.

"이것이 인도인들의 아홉 숫자입니다. 9, 8, 7, 6, 5, 4, 3, 2, 1 앞으로 보여드리겠지만, 이 아홉 숫자에 아라비아어로 제피룸(zephirum)이라고 하는 0이라는 기호만 있으면 그 어떤 수라도 표현할 수 있습니다."

이는 피보나치가 여행하던 곳의 아랍 상인들이 인도-아라비아 숫자를 활용한 십진법 형식의 위치기수법의 특유의 편리함과 장점을 서술한 부분에 해당된다.

신기한 숫자 규칙, 피보나치 수열

《산반서》는 많은 예시 문제들을 다루고 있으며, 상인과 회계사들을 위해 일상에서 필요한 계산 문제들의 예시와 어려운 문제들이 포함되어 있다. 이《산반서》의 제3부에는 피보나치의 가장 유명한 문제가 실려 있다. 자, 그럼 지금으로부터 약 820년 전의 수학 문제를 한번 풀어보자.

"어떤 사람이 사방이 벽으로 둘러싸인 장소에 토끼 한 쌍을 놓았다. 만일 매 달 각 쌍의 토끼가 두 번째 달이 지나서 새로운 쌍의 새끼를 낳는다고 한다면, 1년 뒤 토끼는 모두 몇 쌍이 될까요?"

답을 알겠는가? 머릿속이 너무 복잡하다고? 하지만 절대 포기하지 말 것! 나와 함께 찬찬히 문제를 한번 살펴보자. 답은 노력하는 자에게만 주어지는 법!

먼저, 그림을 그려보겠다. 첫 달엔 토끼 한 쌍, 두 번째 달엔 새끼를 못 낳으니까 그대로 한 쌍, 그리고 세 번째 달부터는 새끼를 낳을 수 있으니 두 쌍이 된다. 그러고 나서 한 번 새끼를 낳은 토끼 커플은 매달 새끼를 낳으니까 네 번째 달엔 새로운 한 쌍의 새끼가 태어나면서 세 쌍이 된다. 다섯 번째 달엔 매달 새끼를 낳는 커플과 새롭게 새끼를 낳는 커플, 그리고 지난달 태어난 커플, 이번에 태어

난 커플까지! 이것을 숫자로 쭉 한번 나열을 해보면, 아래와 같이
전개된다.

1, 1, 2, 3, 5, 8, 13, 21, 34, 55, 89, …

이 숫자에서 어떤 공통점을 발견할 수 있는가? 그렇다, 신기하게
도 바로 앞에 있는 두 수의 합이 바로 다음 수가 되는 것을 알 수 있
다!

1+1=2, 1+2=3, 2+3=5, 3+5=8, …

이처럼 앞에서 나열한 숫자 1, 1, 2, 3, 5, 8, 13, 21, 34, 55, 89,

…를 '피보나치의 수'라고 부르며, 이런 규칙으로 나열되는 수열을 '피보나치 수열'이라고 부른다. 이것을 수학적으로 나타내면 아래와 같다.

수열의 제n항을 a_n이라고 할 때, 피보나치 수열은
$a_1=1$, $a_2=1$, $a_{n-2}+a_{n-1}=a_n (n〉2)$를 만족하는 수열이다.

그렇다면 이 피보나치 수열이 처음으로 알려진 것은 언제일까? 바로 기원전 5세기 인도의 수학자인 핑갈라(Pingala)가 쓴 《찬다 사트라》라는 책을 통해서다. 인도의 수학자들은 한 박자와 두 박자 음절에서 형성되는 리듬감 있는 형태에 관심이 있었는데, n박자를 갖는 이런 리듬의 수가 바로 a_{n+1}이었다고 한다.

자연 속에 숨겨진 수학적 비밀

처음 피보나치 수열은 "수학적으로 볼 때 매우 흥미로운 수열이다." 정도로만 여겨졌다. 그러나 1900년대 옥스퍼드 대학의 식물학자인 처치(A.H.Church)가 놀라운 사실을 발견하면서 피보나치 수열은 세상에 재조명된다. 그 놀라운 사실은 바로 해바라기 꽃씨의 형태였다. 해바라기 꽃씨가 나선을 그리는 수를 세었더니 그 수가

바로 피보나치 수로 이루어져 있었던 것이다.

　해바라기의 꽃 머리에 붙은 씨의 배열은 최소한의 공간으로 최대한의 씨앗을 배치하는 방법으로 이 수열을 따르고 있다. 해바라기 씨앗은 중심을 향해 시계 방향과 반시계 방향으로 나선형을 이루며 얽혀 배치되어 있는데, 한 방향으로 21개일 때 반대 방향으로는 34개, 한 방향으로 34개일 때 반대 방향으로 55개의 씨앗이 존재한다. 신기하게도 이 씨앗들은 뭉치면 살고 흩어지면 죽는다는 말처럼 서로 뭉쳐서 비바람을 견딘다고 한다.

　처치의 이러한 발견을 시작으로 다른 식물학자들도 자연의 이곳저곳에서 피보나치 수를 찾기 시작했다. 그리고 놀랍게도 지구상의 꽃들 대부분은 예외는 있지만 꽃잎의 개수가 1, 2, 3, 5, 8, 13, … 개로 이 수열을 벗어나지 않는다는 사실을 발견했다. 나팔꽃은 통꽃으로 꽃잎이 1장, 붓꽃은 3장, 메밀꽃은 5장, 코스모스는 8장, 금잔화는 13장, 치커리는 21장, 데이지는 34장이라고 한다.

　꽃뿐만 아니라 솔방울, 파인애플에서도 역시나 시계 방향과 반시계 방향의 나선을 발견할 수 있다. 이 나선의 수는 크기에 따라 다르지만 솔방울은 시계 방향으로 8열이면, 반시계방향으로 13열, 21열일 경우 반대쪽은 34열과 같이 항상 피보나치 수열의 이웃하는 두 수가 나타난다. 시계 방향과 반시계 방향의 나선수의 비율이 1:1.618 황금비로 이루어진 것도 알 수 있는데 이 황금비율에 대해서는 조금 있다가 좀 더 자세하게 알아보겠다.

파인애플의 껍질은 육각형 모양으로 되어 있다. 이 때문에 마주 보는 변이 세 쌍 생긴다. 하나의 육각형 모양을 기준으로 이 마주 보는 변을 쭉 연결하면 나선이 세 가지 방향에서 생기게 되는 것이다. 이 나선의 개수를 나열해보면, 마찬가지로 크기에 따라 조금씩 달라지겠지만 대개 5, 8, 13개 또는 8, 13, 21개가 된다.

정말이지 '경이롭다'는 표현을 해도 지나치지 않을 정도로 신비로운 자연의 섭리가 아닌가? 그렇다면 과연 어떻게 이런 일이 있을 수 있는 걸까? 식물학자들은 이에 대해 이렇게 대답했다.

"꽃잎들이 이리저리 겹치면서 가장 효율적인 모양으로 암술과 수술을 감싸려면 다름 아닌 피보나치 수만큼의 꽃잎이 있는 것이 유리하기 때문이다."

자, 그렇다면 이번에는 꽃이 아닌 나무를 한번 살펴보자. 그림과 같이 위를 향해 한창 가지를 쭉쭉 뻗어 나가고 있는 나무 한 그루가 있다. 하나의 줄기가 자라다 두 개의 가지로 나누어지고 두 개

의 가지에 영양분이나 호르몬 등이 똑같이 나누어지게 되는 것이
아니기 때문에 한 가지는 다른 가지보다 더 많이 자라고 다른 가지
는 덜 자라게 되는 것을 볼 수 있다. 이 여파로 왼쪽의 가지는 두 개
의 가지로 갈라지고, 오른쪽 가지는 그대로 자라는 모습을 볼 수 있
다. 다른 가지는 그 다음 단계에서 두 개의 가지로 또 갈라지고, 이
런 식으로 나뭇가지가 계속 뻗어나가며 자라게 되는 것이다.

　자, 이런 규칙으로 나뭇가지가 자란다고 볼 때, 아래서부터 나뭇
가지의 수를 한번 세어보자. 1, 1, 2, 3, 5, 8, 13, …. 꽃의 경우와 마
찬가지로 나무에서도 피보나치 수열을 발견할 수 있다.

　어디 이뿐일까? 우리는 우리 신체나 태풍 등에서도 피보나치 수
열을 발견할 수 있다. 한 변의 길이가 1, 1, 2, 3, 5, 8, 13인 정사각형
을 그린 다음 곡선으로 연결하면 나선형 곡선이 완성된다. 이를 '등
각 나선'이라고 부른다.

이러한 등각 나선은 다름 아닌 귓바퀴, 태풍, 허리케인, 그리고 나선은하 등 인체에서부터 우주에 이르기까지 자연의 모든 섭리 속에서 우리는 이 나선 모양을 찾아볼 수 있다.

식물에서 발견할 수 있는 피보나치 수열

식물의 줄기에 붙는 잎의 배열 방식을 뜻하는 잎차례 중에서는 1개의 마디에 1개의 잎이 나선상으로 붙는 호생잎차례에서 이 수열을 찾아볼 수 있습니다.

첫 번째 잎과 같은 위치 선상을 이루는 잎이 나올 때까지 줄기를 도는 횟수(회전수)와 잎의 수를 각각 분자와 분모로 표현하는데요. 예를 들어 줄기를 2번 도는 동안 5개의 잎이 만들어지면 2/5 잎차례라고 합니다. 이때 식물의 90%가량이 잎차례의 분자와 분모를 피보나치 수로 취하고 있는 것이죠. 꽃잎의 수와 마찬가지로 잎차례도 이 수열을 따름으로 모든 잎이 최대한 햇빛을 골고루 받을 수 있도록 하는 원리입니다. 정말 신기하지 않나요?

자연의 신비, 황금비율

이렇게 자연의 신비한 법칙에서도 찾아볼 수 있는 피보나치 수열이 중요하게 여겨지는 데는 또 다른 이유가 하나 있다. 우리가 보통 어떤 사람을 볼 때 "오, 저 사람 비율이 정말 좋은데?"라고 말한다. 바로 이 수열 속에 사람들이 보기에 가장 아름다워 보이는 비율, 즉 황금비율이 숨어 있다는 사실이다.

어떤 두 길이의 비가 1:1.618이 될 때 가장 아름답고 편안하게 느낀다고 해서, 이것을 황금비라고 이야기한다. 피보나치 수열 1, 1, 2, 3, 5, 8, 13, 21, 34, 55, 89, …에서 앞의 숫자로 바로 다음 숫자를 나누면 아래와 같은 전개가 나타난다.

$$\frac{1}{1}=1, \frac{2}{1}=2, \frac{3}{2}=1.5, \cdots, \frac{34}{21}=1.619\cdots, \frac{55}{34}=1.6176\cdots, \frac{89}{55}=1.6181\cdots$$

이 숫자의 전개를 계속 반복하다 보면 바로 황금비인 1.618에 아주 근접하는 것을 알 수 있다.

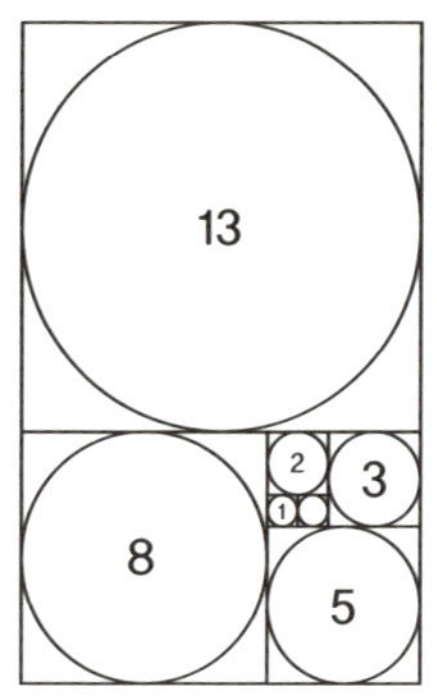

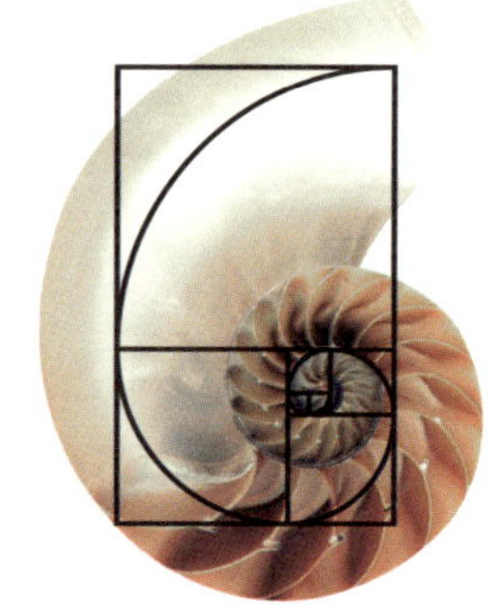

직사각형에서 짧은 변을 한 변의 길이로 하는 정사각형을 잘라 냈을 때, 남은 부분의 가로, 세로의 길이의 비율이 처음 직사각형의 가로, 세로의 길이의 비율과 같다면 그 직사각형은 우리 눈에 가장 안정감 있고 아름답게 보인다고 한다. 이러한 비율을 만족하는 도형을 황금 직사각형이라고 부른다. 위의 그림은 피보나치 수열을 이용해 황금 직사각형을 연속적으로 작도한 것이다. 먼저 한 변이 1인 정사각형 두 개(피보나치 수열의 제1항, 제2항)를 나란히 그리고, 다시 이 두 변의 합을 한 변(길이 2, 피보나치 수열의 제3항)으로 하는 정사각형을 그린다. 다시 피보나치 수열의 제2항, 제3항의 합을 한 변으로 하는 정사각형을 그리고, 다시 제3항, 제4항의 합을 한 변으로 하는 정사각형을 그린다. 이렇게 작도를 진행해 나가면 누구라도 황금 직사각형을 만들 수 있다. 이것은 앞서 얘기한 것처럼 피보나치 수열의 비가 황금비를 이루고 있기 때문이다.

이렇게 만들어진 황금 직사각형의 안쪽 대각 꼭짓점부터 각 정사각형의 대각 꼭짓점들을 부드럽게 연결하면 아름다운 곡선이 나타난다. 이것이 바로 등각나선이다. 앵무조개 껍질이 이 등각나선에 딱 들어맞는 형상을 하고 있는데, 껍질 넓이가 피보나치 수열과 거의 동일한 비율로 넓어진다.

황금비율과 관련된 또 다른 신비로운 사실은 바로 1953년에 왓슨과 크릭에 의해 밝혀진 DNA의 이중나선구조다. 신비롭게도 DNA 사슬의 폭은 2nm이며, 나선의 한 바퀴는 3.4nm라고 한다. 이는 21과 34의 비율로 황금나선을 이루어 그 어떤 구조보다도 효율적이면서도 안정적인 구조가 된다는 것이다. 이처럼 자연에서 시작해 인체, DNA에까지 존재하는 황금비율이기에 사람들은 황금비를 가리켜 '자연의 질서가 담겨져 있는 신비한 비율'이라고 말하기도 한다.

과학과 수학은 그야말로 '발견과 응용의 학문'이다. 인지하지 못했던 법칙과 현상을 발견하여 그 섭리를 정리하고 전파하여 인류에게 전달한 학자들이 있다. 그러나 이러한 업적은 비단 그들의 전유물이 아니다. 주변 현상에 관심을 갖고 인류의 발전에 기여하고자 하는 마음을 가진 사람이라면 누구나 할 수 있다. 이미 우리 곁에 있었던 황금비율의 법칙과 이를 연구한 사람들처럼 말이다.

만물의 근원은 수

여러 가지 식물, 자연 현상 등에서 피보나치 수열을 찾아볼 수 있었는데요. 사실 피보나치 수열은 신호이론, 의학, 물리학, 통계학에 쓰이는 것은 물론 숫자와 상관없어 보이는 예술 분야에서도 응용되고 있답니다. 음악에서는 튜닝하는 데 이용되고, 비주얼 아트에서는 길이나 콘텐츠, 형식 요소를 결정하는 데 이용됩니다. 벨라 바르토크의 '현악기, 타악기 그리고 첼리스트를 위한 음악'은 피보나치 수열이 담긴 대표적인 예술 작품이기도 하죠.

또한 피보나치 수열은 주식시장에도 중요한 분석 도구로 쓰이는데요, 1930년 미국의 회계사인 R. N. 엘리어트는 《우주의 비밀》이란 책에서 아래와 같은 주장을 했습니다.

"철학적 관점에서 20세기 최대 발견은 상대성 이론, 양자역학 등이 아니라 우리가 아직 궁극적 실체에 도달하지 못했음을 깨달은 것이다. 우리는 다만 변화를 주재하는 법칙에 따라 진행되어 외부 세계에 나타난 현상을 규정지을 뿐이다. 모든 생명체와 움직임은 진동으로 구성돼 있으며 주식시장도 예외일 수 없다."

엘리어트는 과거 75년 동안 주가 움직임에 대한 연간, 월간, 주간, 일간, 시간, 30분을 단위로 해서 데이터를 분석했어요. 그러자 인간 심리나 군중 행태를 반영한 증권시장도 자연법칙에 따라 움직인다는 걸 발견했죠. 즉, 증시는 강세장과 약세장으로 이뤄진 증가와 감소의 파동으로 이뤄져 있으며, 상승하는 주식 가격과 하락하는 주식 가격의 시점이 피보나치 수열과 관련 있다고 밝힌 것입니다. 또한 과학자들은 연구를 통해 "피보나치 수열은 암세포의 번식과도 관련이 있다."는 것을 알아냈다고 합니다.

피타고라스의 '만물의 근원은 수'라는 말처럼 자연이 성장의 최적의 방법으로 선택한 수 그리고 그것을 발견해낸 수학자 피보나치의 업적은 알면 알수록 놀랍지 않나요?

20

다양한 수

예술 작품 속에서 빛을 발한 수학

복잡한 수의 세계에서 잠시 벗어나 미술 작품을 감상해 보도록 하자. 이 작품은 르네상스 시대 최고의 화가이자 동판 화가로 유명했던 알브레히트 뒤러(Albrecht-Düre, 1471-1528)가 1514년 발표한 〈멜랑콜리아 1〉 동판화다. 이 작품은 뛰어난 예술성에 비밀스럽고 신비한 내용이 담겨 있어 발표된 순간부터 20세기 초까지도 예술학자들의 지대한 관심을 끌었다.

지대한 관심만큼이나 '르네상스 시대를 통틀어 가장 난해하다'는 평가를 받기도 한 이 작품은 자세히 보면 매우 세밀하면서도 복잡하게 표현되었다. 이미 눈치 챈 사람이 있는지도 모르겠다. 이 작품 속에는 많은 수학적 요소들이 등장하고 있다. 자, 그럼 과연 이 작품의 어디에 수학적 요소들이 들어있는지 한번 알아보자.

미술 작품 속에서 수학을 찾아라!

뒤러가 활동했던 르네상스 시대. 당시는 많은 예술가들이 수학을 학문의 제왕으로 떠받들던 시기였다. 특히나 뒤러는 "창작품은 숫자와 무게, 비례에 따라 만들어진다."라는 말을 남길 정도로 매우 열광적인 수학 신봉자이자 예술가였다. 자, 그럼 본격적으로 〈멜랑콜리아 1〉의 작품 속으로 들어가 보자.

먼저 그림 속에서 가장 큰 형체는 날개를 달고 있는 여인이다. 팔을 괸 채 무언가를 골똘히 생각하고 있는 이 여인이 바로 '멜랑콜리아(우울)'이다. 그렇다면 그녀는 과연 천사일까? 어딘가를 응시하는지 모르게 약간 상부를 향해 눈길을 주고 있는 그녀는 한 손에 컴퍼스를 쥐고 있다. 그녀는 아무런 감정을 느낄 수 없는 표정을 하고 있는데, 르네상스의 인문주의자 피코 델라 미란돌라(G. Pico della Mirandola)의 《지상의 천사》에 나오는, 오랜 시간에 걸쳐 명상하는 천사를 연상케 한다. 이를테면 지상의 천사는 이승과 저승을 동시에 관망할 수 있다고 하는 '야곱의 사다리'의 여섯 번째 계단에 앉아 있다. 그림의 위쪽에는 사다리가 하나 그려져 있는데, 이것은 천국과 지상 사이의 비밀스러운 연결고리로 해석되기도 한다.

   이 멜랑콜리아와 뒤쪽 탑 사이에는 아기 천사도 보인다. 날개는 반 정도 꺾여 있고, 손에는 T자 형의 필기도구와 석판을 쥐고 있다. 이 아기 천사는 천상과 지상 사이에서 무언가를 그리는데, 이 행위로 인해 석판이 연마되면서 가루가 떨어지고 있다. 이것은 일촌광음의 파편, 순간이라는 수많은 시간의 파편이라 해석되기도 한다. 그림 아래쪽에는 다면체와 구 사이의 좁은 공안에 눈빛이 몽롱한 개도 한 마리 누워 있다. 이 모든 것이 어우러져 전체적으로 우울의 정조가 드러나는 작품이다.

천사 주위에는 망치, 펜치, 십자형 바늘, 톱, 대패 등 수많은 물건들이 이리저리 늘어져 있다. 이 물건들은 예술가나 수공업자들의 도구다. 이로써 추측건대, 천사는 '기하학의 방식'으로 모든 것을 실험한 것처럼 보인다. 그 밖에도 저울, 모래시계, 풀무 끄트머리, 숯, 도가니 등이 보이고 왼쪽에는 보석도 있다. 구, 다면체, 주사위도 찾아볼 수 있는데, 이것은 목수, 석공, 연금술사, 수공업자 등이 사용하는 도구로 여겨져 신의 뜻을 받아 정성스럽게 작업하던 장인의 물건으로 비춰진다. 이 작품 속에는 유난히 기하학적인 요소들이 많이 담겨 있다. 그래서 이 작품의 이름을 '멜랑콜리한 기하학' 또는 '기하학의 상징물로 된 멜랑콜리'로 바꿔 부르기도 했다.

그럼 지금부터 〈멜랑콜리아 1〉을 가만히 들여다보면서, 숨은그림찾기를 한번 해볼까? 그리고 그 그림들 속에 담겨진 수학적 요소들도 하나씩 찾아보자. 그런 다음 그 그림에 담긴 수학적 비밀을 파헤쳐 보자.

먼저, 작품 속에 다각형으로 이루어진 다면체를 찾았는가? 좌측 중반부쯤에서 찾았을 것이다. 이 다면체는 모두 여덟 개의 면(삼각형 2개, 오각형 6개)으로 구성되어 있다. 그럼, 여기서 문제 하나! 이 작품 속에 있는 다면체를 실제로 만들 수 있을까? 정답은 '가능하다'이다. 그러면 뒤러의 작품 속에 등장한 다면체를 실제로 만드는 방법을 살펴보자.

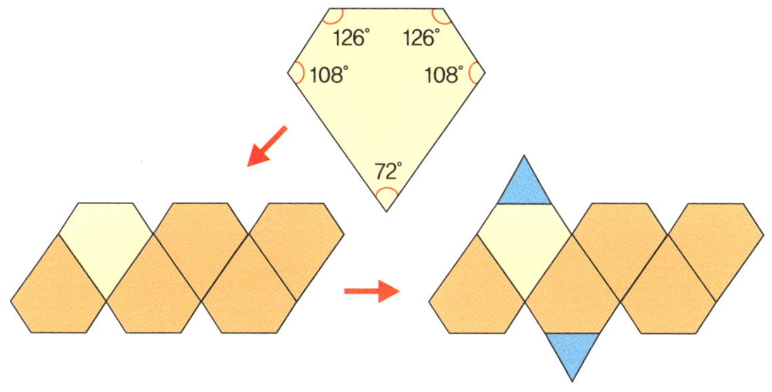

① 먼저 내각이 126°, 108°, 72°, 108°, 126°인 오각형 6개를 그린다.
② 이 오각형들을 잘 붙인다.
③ 그런 다음, 여기에 맞는 이등변삼각형 2개를 만들어 붙인다.

짠! 이렇게 하면 정확하게 작품 속 다면체가 완성된다. 그렇다. 뒤러는 자신의 작품에 상상에 의지한 다면체를 그려 넣은 것이 아니라 정확하게 계산된 진짜 수학적 다면체를 그려 넣었던 것이다.

그림 속에서 마법의 숫자판을 찾아보자. 바로 그림 우측의 상단에 있는 숫자들이 적힌 '마방진'이다. 마방진은 신기하게도 가로, 세로, 대각선 어느 방향으로 더해도 그 더한 합이 똑같다고 해서 생긴 이름이다. 그럼 어디, 작품의 정사각형에 그려진 숫자판을 볼까? 이 숫자판을 살펴보면 1부터 16까지 숫자들이 한 번씩만 사용되어 있다는 것을 알 수 있다. 더 특이한 점은 가로, 세로, 대각선 숫자의 합이 모두 34가 된다는 것이다. 아는 사람이 있을지 모르겠지만 맨 아랫줄의 15, 14는 이 작품의 제작연도인 1514년을 의미한다고 한다. 뒤러는 정말 용의주도하게 자신의 작품에 숫자와 수학을 집어넣은 것이다. 그야말로 열광적인 수학의 신봉자라는 별명에 딱 어울리는 작품이다.

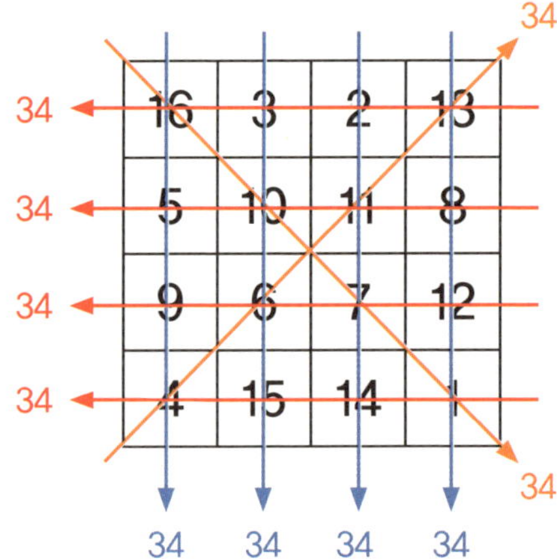

김홍도 〈씨름〉에서 찾아볼 수 있는 마방진

작품 속에 숨은 마방진 이야기가 나와서 말인데, 그림 속에 수학적 비밀이 숨은 것은 서양의 그림에만 해당하는 것일까요? 그래서 이번에는 우리나라 미술작품을 하나 준비했답니다. 우리에게 익숙한 이 그림을 한번 살펴봅시다. 바로, 조선 후기의 화가 김홍도의 〈씨름〉이라는 작품입니다. 우리의 놀이 문화인 씨름을 하는 사람들이 가운데 있고, 그 주변을 둘러싼 사람들이 구경을 하며 응원을 하고 있어요. 이 그림을 아는 사람은 많지만 여기에 수학적 요소가 담겨 있다는 사실을 아는 사람은 그리 많지 않을 것입니다. 아무리 봐도 모르겠다고요? 자, 그림을 자세히 살펴보면 중앙에 씨름하는 두 선수가 있습니다. 이 선수들을 기준으로 가로선과 세로선으로 열십자를 그어보면 다음 그림과 같이 네 부분으로 나뉘게 됩니다.

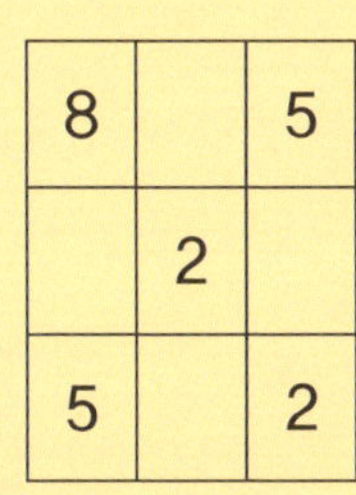
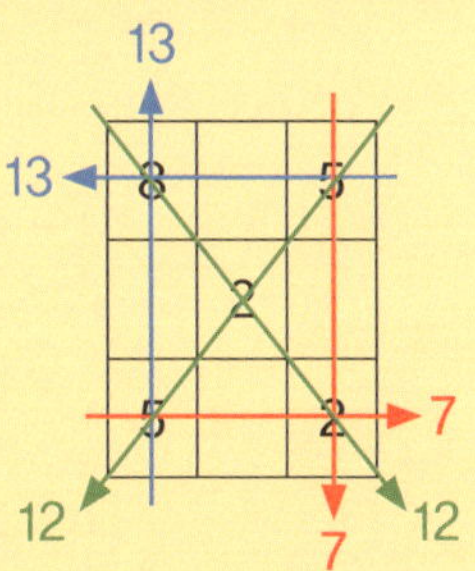

그러면 4개의 영역 속에 모여 있는 사람들이 보이죠? 그들의 수를 숫자로 표시해보면 위 그림과 같이 대각선의 세 수들의 합이 모두 12가 된답니다. 이러한 배열을 일명 'X자형 마방진'이라고 부릅니다. 또한 이 그림 속에 등장하는 마방진에는 재미있는 것이 있어요. 8을 기준으로 보았을 때, 가로의 합과 세로의 합은 모두 13으로 같고, 오른쪽 아래의 2를 기준으로 보면 가로와 세로의 합이 모두 7로 같다는 것이죠.

그렇다면 우리나라 사람들도 마방진을 알았다는 뜻일까? 또한 의도적으로 수학적인 요소들을 그림 속에 숨겼던 것일까? 조선 초기의 기록을 보면 "세종대왕이 마방진을 즐겼다."라고 나오고, 조선 후기의 여러 예술 작품들 속에 이러한 수학적인 요소들이 많이 담겨 있다는 것을 미루어보아 그렇다고 볼 수 있을 것이다.

레오나르도 다빈치의 작품에 숨은 수학의 원리

'수학'과 '예술'. 이 두 단어를 동시에 말할 때 결코 빼놓을 수 없는 인물이 있다. 바로 '레오나르도 다빈치'다. 다들 알다시피 레오나르도 다빈치는 자신의 예술 작품에 수학의 원리를 활용한 수학자이자 회화, 조각, 천문학, 정치, 지질학 등 다양한 분야에서 두각을 드러낸 융합형 예술가의 대표적 인물이다.

다빈치는 수학적 원리를 이용하여 수많은 예술 작품들을 남겼다. 그의 대표적인 작품 중 하나인 〈최후의 만찬〉은 선 원근법을 활용하여 사물의 멀고 가까움을 잘 표현하고 있다. 이는 당시 화가들이 물체와 물체의 경계를 윤곽선으로 표현하던 것과 달리 선 원근법을 활용하여 표현함으로써 다빈치 특유의 수학자적인 면모를 드러낸 작품이다. 선 원근법은 사물의 멀고 가까움을 표현하기 위해 천장의 평행선들이 한 점에서 만나도록 그리는데, 이 점을 '소실점'이라 부른다. 〈최후의 만찬〉에서는 예수님의 이마 부근이 소실점이다.

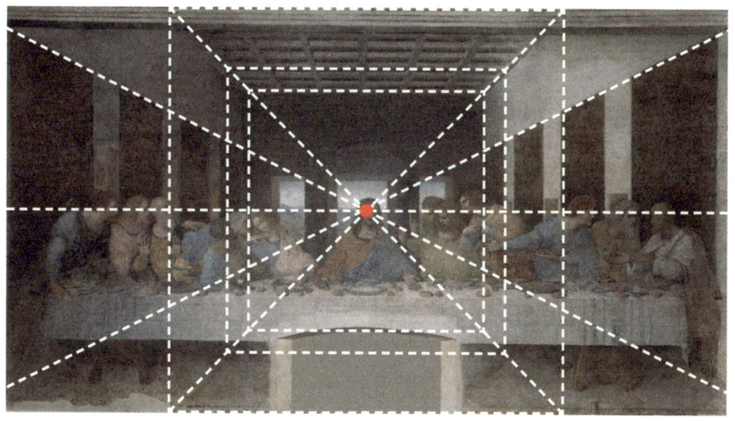

　다른 대표작인 〈모나리자〉에서는 대기 원근법의 원리가 적용되어 있다는 것을 발견할 수 있다. 선 원근법이 우리의 눈과 대상의 거리 간의 차이를 이용해 3차원의 공간에 대한 대상을 평면에 담아내는 법칙이라면, 대기 원근법은 공기 중에 먼지나 습도로 인해 시야에서 멀어질수록 대상에 더욱 뿌옇게, 흐리게, 채도도 낮게 보일 수 있다는 법칙을 의미한다. 이런 대기 원근법으로 그려진 〈모나리자〉는 어느 방향에서 보느냐에 따라 모나리자의 표정이 다르게 보인다. 이러한 수학적 요소는 〈모나리자〉가 오늘날까지 명작 중의 명작으로 꼽히게 만든 이유이기도 하다.

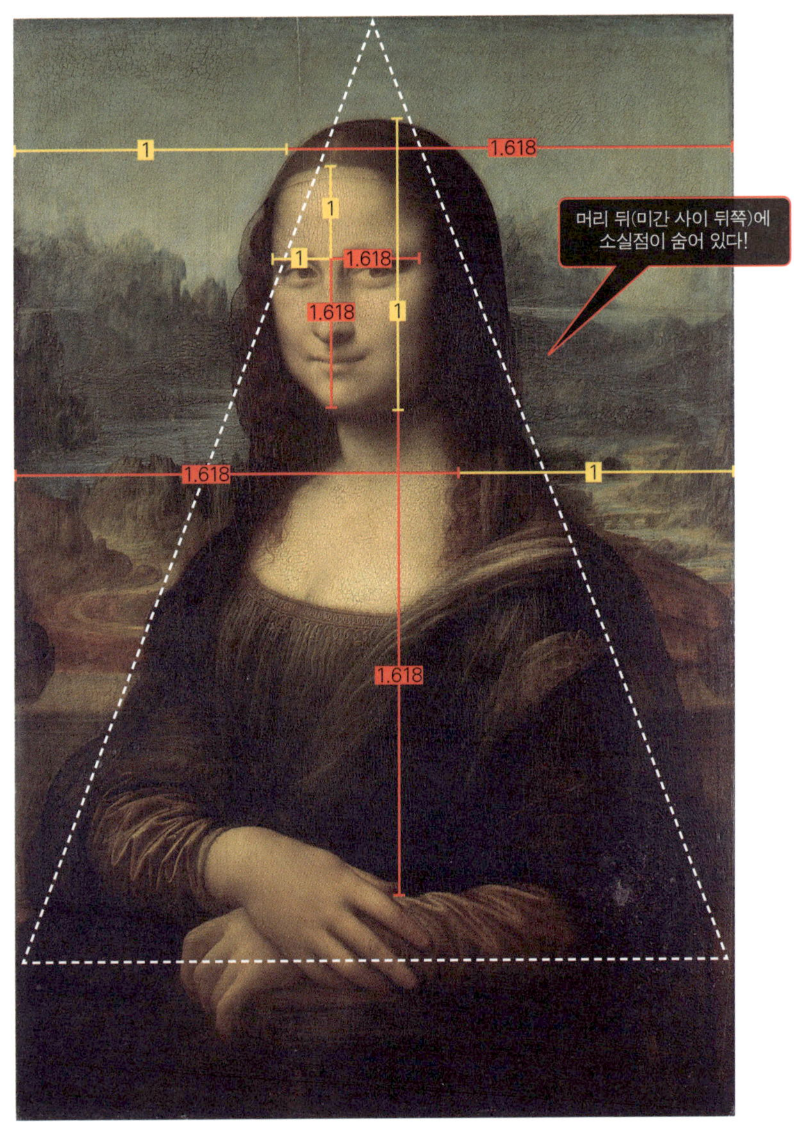
1
1.618
1
1.618
1.618
1
1.618
1
1.618
머리 뒤(미간 사이 뒤쪽)에
소실점이 숨어 있다!

또한 다빈치는 사람의 신체를 실측해서 기록하기도 했다. 그는 신체의 곳곳을 수학적으로 계산하여 기하학적 관점에서 계량화했다. 60구 이상의 인체를 해부하여 그것들을 모두 노트에 묘사했으며, 그 밖에 축성, 운하, 선박, 교량의 건설을 계획하기도 했다. 새가 나는 모습을 연구하여 비행기에 대한 아이디어를 떠올리기도 했다는 이야기는 우리에게 너무도 잘 알려져 있다.

레오나르도 다빈치가 아직도 누구나 쉽게 흉내 낼 수 없는 독보적 위치를 가지는 이유는 바로 이런 점에 있다. 즉, 자신이 가진 수학적 지식을 아는데서 그치는 것이 아니라 자신이 만들어내는 모든 작품에 담아 내는 적극성을 보였다는 점. 그가 남긴 수많은 작품들 속에서 우리는 지식에 대한 끊임없는 탐구와 열정이 창의성과 결합할 때 얼마나 엄청난 결과물을 만들어낼 수 있는지를 잘 엿볼 수 있다.

예술로 변한 수학, 이렇게 아름다울 수가!

수학과 예술은 결코 떼려야 뗄 수 없는 관계라는 사실! 이제 조금은 이해가 되나요?

16세기의 서양 작품 속에서도, 18세기의 우리나라 전통 작품에서도 많은 수학적 비밀들이 담겨 있다는 걸 발견할 수 있었습니다.

"기하학을 모르는 자는 완전무결한 화가일 수 없고, 그런 화가가 될 수도 없다. 그러나 그 책임은 회화에 무지한 선생들이 져야 한다."

화가였던 알브레히트 뒤러는 이런 말도 남겼는데요. 저는 이렇듯 수학에 집중하고, 자신의 작품을 온통 수학적인 요소로 치장한 뒤러에게 묻고 싶습니다.

"그렇게 수학이 좋았어요?"

멜랑콜리아 1

공간을 알다

간단한 놀이에서 발견할 수 있는 수학 이야기와 사막 위에 펼쳐진
거대한 미스터리인 나스카 평원의 그림을 어떻게 그렸는지 알 수 있다.

21

한붓그리기

복잡한 도형도 한 번에!

세상에는 특이한 능력이나 뛰어난 재능을 가진 사람들이 종종 있다. 강도에게 머리를 맞고 병원에서 깨어났더니 세상 모든 곡선이 수학 공식처럼 보인다는 미국의 수학 천재 제이슨 패지트(Jason Padgett)도 그런 특출난 능력을 가진 사람 중 하나였다. 또 눈에 띄는 특별한 능력까지는 아니더라도 남다른 재능을 한 가지씩 가지고 있는 사람들이 많다. 아마 여러분 중에서도 그러한 재능을 가진 사람이 있을지도 모른다. 신체적 장점, 암기력, 혹은 몇 번이나 그려보고 맞춰 봐야 완성된 모양을 알 수 있는 도형을 전개도나 입체도의 단면만을 보고 금방 알아낸다든지, 또 복잡하게 설계된 미로에서 단박에 가장 빠른 출구로 가는 길을 찾아 낸다든지 말이다.

뛰어난 능력의 소유자가 아니고서는 불가능에 가까운 일처럼 보이지만, 사실 수학적 원리만 알면 누구나 쉽게 가질 수 있는 능력도 있다. 그게 뭐냐고? 바로 복잡한 미로 그림의 출구를 한 번에 찾는 것과 비슷한, '오일러 트레일'이라고도 불리는 '한붓그리기'다!

재미있는 한붓그리기

한붓그리기란 어떤 도형을 그릴 때 같은 곳을 두 번 지나지 않으면서 붓을 한 번도 떼지 않고 도형을 그려내는 행위를 말한다. 그렇다면 여러분에게 '한붓그리기'를 할 수 있는 도형을 찾아내는 능력이 있는지, 한번 테스트해 볼까?

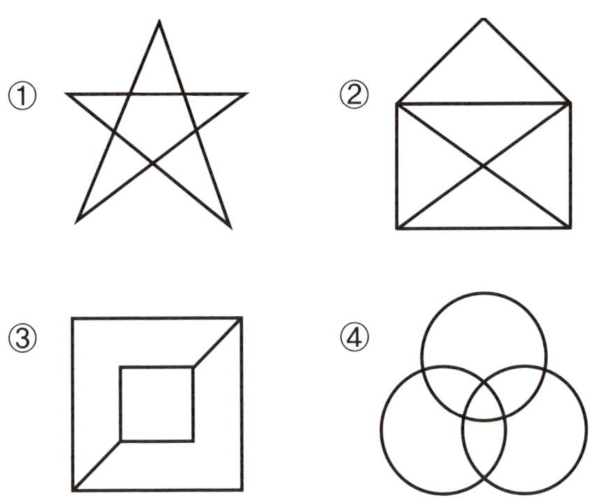

다양한 도형들이 있다. 이 중에서 한붓그리기가 가능한 도형은 어느 것일까? 얼른 종이와 함께 연필이나 펜을 준비해 보자. 종이 위에서 한 번도 떼지 않고 같은 곳을 두 번 지나지 않으면서 도형을 완성하면 성공이다. 좀 더 쉽게 말해, 한번 지나간 곳은 다시 지날 수 없으며 한 선에서 다른 선으로 건너뛸 수 없다.

자, 정답은? ①, ②, ④번의 도형이다.

③번 도형은 어느 점에서 시작해도 한 번에 전부를 그릴 수는 없다. ③번을 제외한 나머지 도형들은 모두 한붓그리기가 가능하다. 그런데 이렇게 어떤 도형을 한 번에 그릴 수 있는지 없는지 알기 위해서는 될 때까지 그려보는 수밖에 없는 걸까? 아니, 막막한 미로 찾기와는 달리 이 한붓그리기에는 '법칙'이 있단 사실! 이 법칙을 발견한 사람이 바로 스위스의 수학자이자 물리학자였던 레온하르트 오일러였다. 그리고 이 한붓그리기의 법칙을 '오일러의 정리'라 부른다.

오일러와 쾨니히스베르크의 다리 건너기 문제

'쾨니히스베르크의 7개 다리 건너기'에 대해 들어본 적 있는가? 많은 사람들이 재미있는 놀이로 즐기는 한붓그리기의 원조가 된 이야기다.

성실함의 끝판왕, 레온하르트 오일러

레온하르트 오일러는 1707년 스위스 바젤에서 목사의 아들로 태어나 1783년 러시아 상트페테르부르크에서 삶을 마감했어요. 그는 18세기의 가장 위대한 수학자로 꼽히며, 뛰어난 계산력과 수학적 감각을 가진 천재 수학자였습니다. 순수수학의 창시자 중 한 사람이기도 하고요. 또한 가장 생산적인 수학자라는 소리를 들을 만큼, 오일러는 매주 1개씩 수학 논문을 썼다고 해요. 실제로 18세기에 출판된 모든 수학 및 과학 서적들 중 4분의 1이 오일러가 쓴 것으로 추정될 정도라고 하니 정말 놀라울 따름이죠?

이렇게 쉬지 않고 학문 연구에 매진한 오일러는 모든 수학 분야에서 획기적인 발전을 이룩했어요. 오일러의 수, 오일러의 정리, 오일러의 등식, 기하학, 미적분학, 역학, 정수론 등 여러 방면에 걸쳐 큰 업적을 남겼답니다. 그리고 오일러의 위대한 업적 중 또 하나는, 바로 수학기호를 체계화시켰다는 것입니다. 자연로그의 밑 e, 함수 기호 $f(x)$, 수열의 합 시그마($\sum$), 원주율 파이(π), 삼각함수 sin, cos, tan, 상수 a, b, c, 미지수 x, y, z, … 이런 기호를 발명하거나 널리 보급했던 사람도 바로 오일러였어요.

그런데 이렇게 수학적 재능이 뛰어났던 그를 신이 질투라도 했던 걸까요? 그는 겨우 20대의 나이에 한쪽 눈의 시력을 잃게 됩니다. 하지만 천부적인 기억력과 강인한 정신력으로 연구를 계속했어요. "한 눈으로 보니 모든 현상이 더욱 또렷이 보인다."라는 명언까지 남기면서 말이죠. 오일러에게 있어 이런 시련은 큰 장애가 아니었던 모양입니다. 안타깝게도 60대에 나머지 한쪽 눈마저 실명되지만, 시각 장애인이 되고서도 그는 17년 동안이나 더 수학 연구를 하며 살았다고 합니다. 구술을 통해 저술 활동을 하는 등 수학의 역사상 가장 다작을 한 수학자로, 정말이지 성실함의 끝판왕입니다.

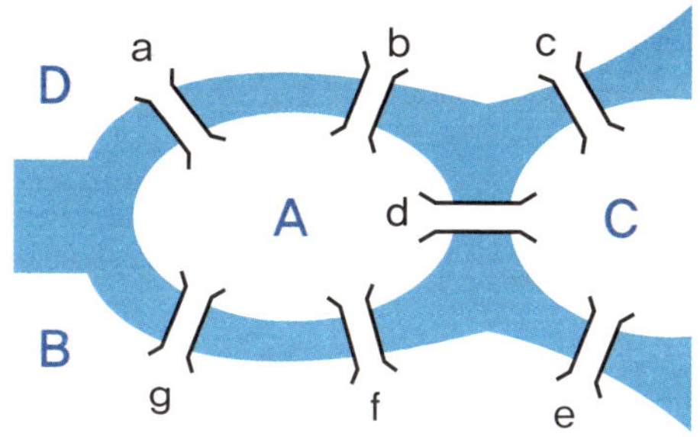

쾨니히스베르크(Königsberg)는 오늘날 러시아의 칼리닌그라드(Kaliningrad)의 옛 명칭으로, 사실 오일러의 쾨니히스베르크 다리 문제로 유명해진 도시라 할 수 있다. 이 도시는 비판철학을 탄생시킨 가장 위대한 철학자로 손꼽히는 칸트(Kant)가 태어난 곳이기도 하다.

칸트는 평생 쾨니히스베르크 반경 30km를 벗어난 적이 없다고 한다. 그리고 매일 오후 칸트는 산책하기 위해 집을 나왔다. 사람들은 칸트가 지나가는 것을 보고는 '지금 3시 30분이구나.'하며 시간을 맞추곤 했다고 한다. 그만큼 하루도 빠짐없이, 오후 3시 30분이면 칸트가 산책하며 지나갔기 때문이다.

이 도시에는 프레겔강이 흐르고 있는데, 이 강을 중심으로 도시가 네 군데 지역으로 나뉘고, 그 강줄기를 중심으로 7개의 다리가 놓여 있었다. 아마 칸트도 저 7개의 다리를 건너면서 산책을 했을 것이다. 칸트와 마찬가지로 이곳에 사는 많은 사람들은 산책하기를 즐겼다. 다리를 건너며 산책하던 중에 사람들은 다음과 같은 궁금증을 가졌다.

'각각의 다리들을 정확히 한 번씩만 지나 모든 다리를 건너갈 수 있을까?'

좀 더 정확하게 풀이하면, '한 위치에서 출발하여 7개의 다리를 한 번씩만 건너서 시작한 위치로 돌아오는 길이 있는가' 하는 것이다. 이것이 바로 '쾨니히스베르크의 다리 건너기'라고 불리는 유명한 문제다. 이 문제를 풀어 본 많은 사람들은 그것이 불가능하다고 생각했다. 하지만 왜 불가능한지를 수학적으로 증명하지는 못했다. 사람들은 이 의문을 해결하기 위해 마침 근처에 머물던 수학자 오일러에게 찾아가 문제를 풀어달라고 부탁했다. 당시 오일러는 이 문제를 해결하는 과정에서 한붓그리기의 법칙을 발견해서 정리하게 된다. 그는 "7개의 다리를 하나도 빠짐없이 꼭 한 번씩만 건너서 산책할 수 있는 경로는 없다."라는 결론을 제시했다. 그럼 이제부터 이 문제를 해결한 오일러의 수학적 증명을 살펴보자.

우선 그는 그림과 같이 육지는 점으로, 다리와 길은 선으로 표시했다. 그런 다음, 연결된 선분이 홀수 개인 점이 모두 4개이기 때문에 한 번에 모두 건너갈 수가 없다고 발표했다. 이것을 '오일러의 정리'라 부른다. 좀 더 자세히 알아볼까?

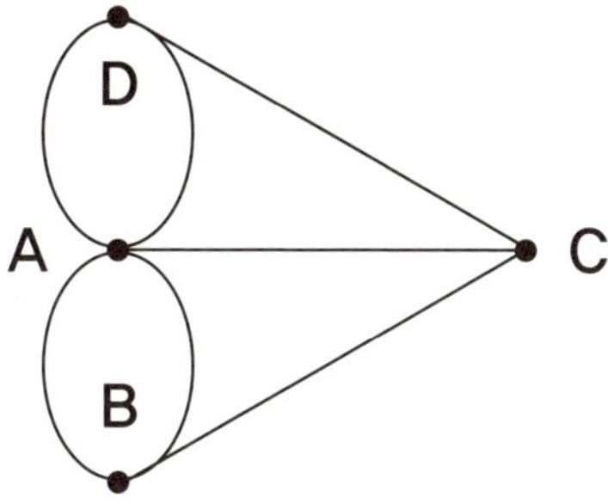

① 모든 점에서 짝수 개의 선이 만나는 경우. 즉, 짝수점만 있는 경우에
한붓그리기가 가능하다.

② 홀수점이 2개만 있으면서 하나는 출발점, 다른 하나는 도착점이 되
는 경우에 한붓그리기가 가능하다.

(홀수 개의 선이 만나는 점을 홀수점, 짝수 개의 선이 만나는 점을 짝수점이
라 부른다.)

다시 말해 오일러가 단순하게 그린 그림에서 한붓그리기를 할
수 있는 경우는 짝수점만 있거나 또는 홀수점이 2개만 있는 경우뿐
이다. 자, 이제 앞에서 보았던 도형들로 다시 돌아가 보자.

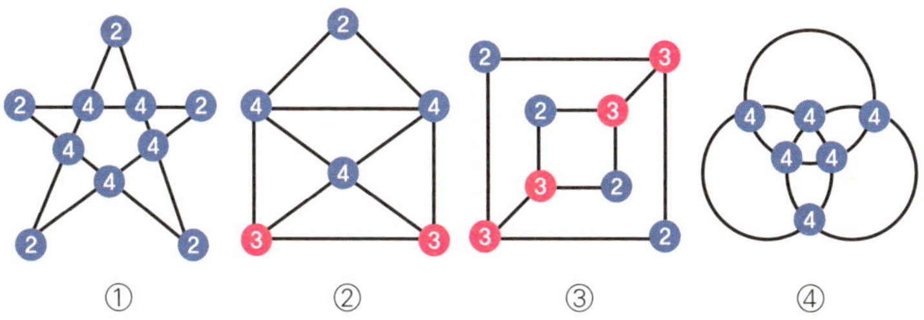

오일러의 정리에서 설명한 것처럼, 일단 위의 도형들에서 선분들이 만나는 지점을 한번 살펴보자. 어떤가? ①번과 ④번 도형은 홀수점이 하나도 없고, ②번 도형은 홀수점이 2개, ③번 도형은 홀수점이 4개 있다는 것을 알 수 있다. 따라서 ①, ②, ④번 도형은 한붓그리기가 가능하지만, ③번 도형은 불가능한 것이다.

다른 그림들도 한번 살펴볼까?

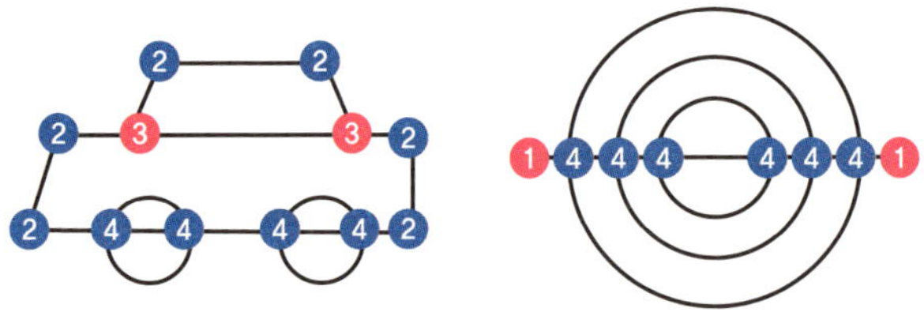

이 그림들은 홀수점이 둘 다 2개만 있다. 역시 한붓그리기가 가능하단 뜻이다. 이처럼 오일러는 쾨니히스베르크의 다리 건너기 문제를 해결하는 데만 그치지 않고, 모든 한붓그리기에 적용할 수 있는 일반적인 방법을 찾아내 필요충분조건을 발견했다.

한붓그리기의 활용

수학적 재미를 주는 한붓그리기는 우리의 일상생활 속에서도 매우 유용하게 활용해 볼 수 있어요. 이미 이 원리를 실생활에 적용한 것들도 있고요. 예를 들어 물청소차로 도로를 청소할 때나 경찰차가 도시를 순찰할 때에도 적용할 수 있답니다. 이 차들이 한붓그리기로 운행되면 모든 도로, 즉 모든 변을 한 번씩 지나 출발했던 곳으로 되돌아올 수 있어요. 택배 회사에서 한 지역 안에 있는 여러 군데로 물건을 배달할 때, 통근 차량이나 학원 차량을 운행할 때, 버스 노선을 만들 때도 마찬가지로 활용해 볼 수 있겠네요.

또한 각 도시들을 연결하는 도로망이나 항공망, 지하철 노선, 전화국의 통신망 등 다양한 분야에서도 합리적이고 효율적인 방법을 찾기 위해 응용되고 있습니다. 환경 탐사 작업에 사용되는 자율주행 차량의 최적의 루트를 설계한다든지, 도보나 항공기로 검사해야 하는 전력선 점검의 최단 경로를 찾는다든지, 이 한붓그리기의 원리를 활용한다면 실생활에서 매우 편리하게 응용할 수 있습니다.

우리가 배우는 여러 수학에 대한 정리나 법칙들은 모르면 나와 아무 상관없는 딱딱한 이론일 뿐이지만, 제대로 알고 활용한다면 좀 더 양질의 삶을 누리며 살 수 있게 됩니다. 그리고 이런 수학의 법칙이나 정리들은 그냥 저절로 뚝딱 만들어지는 것이 아니라, 자신의 신체적 한계를 뛰어넘으면서까지 연구에 몰두했던 오일러 같은 수학자들의 열정의 열매라는 사실이라는 것을 모두가 기억해야 할 것입니다.

미로

미로 속의 출구

누구나 한 번쯤 미로 찾기 놀이를 해본 적이 있을 것이다. 아주 복잡한 미로 속에서 헤매다가 출구에 다다르면 "야호!" 하는 함성이 절로 나오지 않았는가. 요즘에는 미로를 실제로 만들어놓고 길을 찾아가는 놀이를 즐길 수 있는 곳도 많이 생겨났는데, 이러한 미로 찾기는 두뇌 훈련으로 활용하기에도 좋다.

옛날에는 미로가 보물을 훔치려는 약탈자로부터 왕의 무덤을 지키기 위해 만들었다. 고대 이집트의 피라미드 속에서도 왕의 시신과 보물을 훔쳐 가지 못하도록 미로를 만들었다. 영화 〈인디애나 존스〉나 〈미이라〉를 보면 피라미드 속 미로를 헤매는 주인공들을 흔히 볼 수 있다. 또 〈인셉션〉에서는 주인공 코브가 꿈의 설계자인 아리아드네를 훈련시키기 위해 복잡한 미로를 설계해 보라고 테스트하는 장면이 나오기도 한다. 영화 〈메이즈 러너〉에서는 거대한 미로 속을 탈출하려는 젊은이들의 치열한 두뇌 싸움이 그려진다. 그런데 이 미로 속에서 헤매지 않고 길을 잘 찾아 나오려면 어떻게 해야 할까? 수학에는 바로 이 미로에서 출구를 찾는 것과 관련된 연구가 있었다. 지금부터 그 미로의 비밀 속으로 들어가 보자.

조르당의 곡선으로 푸는 미로의 비밀

먼저 기다란 철사의 양 끝을 이은 다음 서로 교차시키지 않고 꼬아서 미로를 만든다. 이 구조물 안에 개미 한 마리를 넣는다. 그다음 개미에서 미로 바깥까지 직선을 그어 본다. 그 직선이 철사가 만든 곡선을 가로지르는 횟수를 센다. 여기서, 만약 그 직선이 철사의 곡선과 짝수 번 만난다면 개미는 미로 밖에 있고, 홀수 번 만난다면 개미는 미로 안에 있는 것이다.

프랑스 수학자 카미유 조르당(Camille Jordan)은 곡선의 안팎을 가르는 이런 종류의 규칙들을 연구했다. 그리고 단순 폐곡선 하나가 평면을 안팎으로 가른다는 정리를 도출해 냈다. 시작점과 끝점이 일치하며 도중에 교차하지 않는 하나의 연속된 곡선, 쉽게 말해 이 곡선을 따라 한 방향으로 움직이면 시작점으로 되돌아오게 되고, 이 곡선을 기준으로 내부와 외부가 나뉜다.

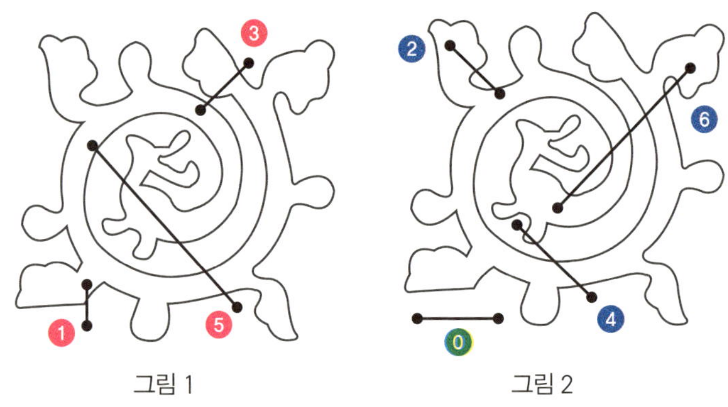

그림 1   그림 2

위의 그림을 살펴보자. 그림 1에서처럼 내부와 외부를 직선으로 이으면 곡선과 홀수 번 만나지만, 그림 2에서처럼 내부와 내부 혹은 외부와 외부를 이으면 곡선과 만나지 않거나 짝수 번 만나게 된다. 따라서 조르당 곡선으로 이루어진 복잡한 미로에서 어떤 지점이 외부와 연결되는지 확인하려면, 먼저 그 점과 외부를 잇는 선분을 그은 뒤 곡선과 만나는 횟수가 짝수인지 홀수인지 알아내면 된다. 이것을 조르당 곡선 정리(Jordan curve theorem)라고 부른다.

조르당 곡선 정리

① 내부에서 외부로 또는 외부에서 내부로 들어가려면 곡선과 반드시 만나야 한다. 그런데 반드시 홀수 번 만난다.

②두 점이 모두 내부 또는 모두 외부에 있다면, 두 점을 이은 직선은 곡
    선과 만나지 않든지 혹은 짝수 번 만난다.

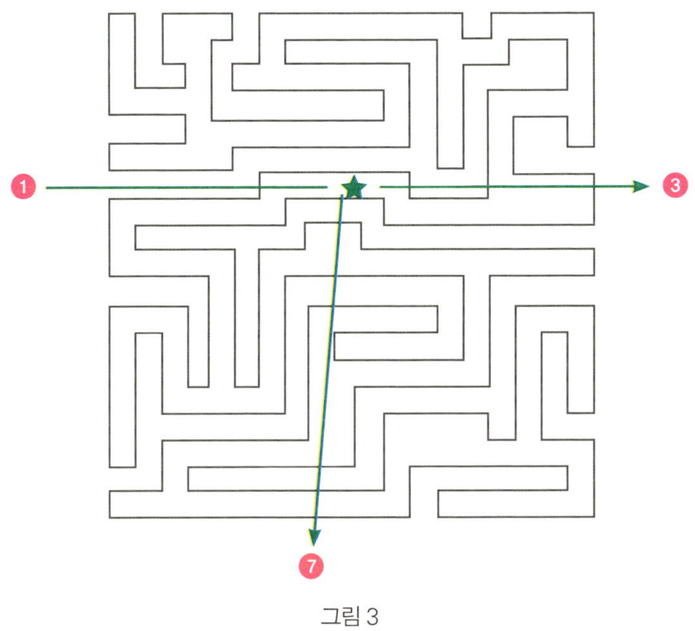

그림 3

그림 3을 살펴보자. ★ 지점과 외부를 연결한 선분은 미로와 모
두 홀수 번 만난다. 그렇기 때문에 ★ 지점은 내부에 있다고 볼 수
있다. 즉, 이 ★ 지점에 있으면 절대 밖으로 나갈 수 없다.

출구를 찾을 수 없도록 아주 복잡하게 설계된 그 어떤 미로도, 이
조르당 곡선 정리만 알면 누구나 쉽게 미로를 풀 수 있다. 미로의
입구가 몇 개든 상관없이 각 미로의 입구에서 목표까지 직선을 그

은 후, 미로의 벽과 만나는 점만 세면 미로 밖으로 나갈 수 있는지 없는지 알 수 있기 때문이다.

미로 찾기의 시초

그런데 이 미로 찾기는 언제부터 있었을까요? 미로의 시초는 그리스 신화 속에서 찾을 수 있어요. 바로 테세우스(Theseus)와 미노타우로스(Minotaurus) 이야기죠.

테세우스는 아테네의 왕과 트로이젠의 공주 사이에서 태어났어요. 하지만 사정이 있어 아버지와는 멀리 떨어져 살 수밖에 없었는데요. 테세우스가 장성하자 그의 어머니는 출생의 비밀을 알려주면서 아버지를 찾아가라고 합니다. 용감하고 지혜로웠던 테세우스는 갖가지 어려움과 위험을 이겨내고 드디어 아버지를 만나게 됩니다. 그런데 당시 아버지의 나라 아테네는 해마다 지중해 남쪽에 있는 크레타섬 미노스 왕국에 어린 소년 소녀들을 보내고 있었어요. 머리는 황소이면서 몸은 인간인 미노타우로스의 제물로 말이죠. 이 미노타우로스는 크레타섬의 왕비 파시파에와 수소 사이에서 태어난 자식으로 인간을 잡아먹는 나쁜 습관이 있었어요. 그래서 미노스 왕은 한 번 들어가면 쉽사리 나올 수 없는 복잡한 미로를 만들어 이 괴물을 그곳에 가둬 두었어요. 그리고 그 미로 속으로 어린 아이들을 제물로 넣어주고 있었던 것이죠. 아이들의 희생을 보고만 있을 수 없었던 테세우스는 미노타우로스를 없애겠다고 마음먹었어요. 그래서 그 해에 제물로 바쳐질 소년 소녀들과 함께 절대 빠져나올 수 없다는 그 미로를 향해 가게 됩니다.

한편, 미노스 왕의 자식 중에는 아리아드네라는 어여쁜 공주도 있었어요. 아리아드네 공주는 제물들 속에 섞여 있던 테세우스를 보고는 그만 한눈에 반해버리고 말아요. 그래서 몰래 테세우스에게 다가가 실뭉치를 쥐어 줍니다.
"이 실을 입구 기둥에 매어 놓고 실을 풀면서 안으로 들어가세요. 나중에 실을 따라 나오면 미로를 탈출할 수 있을 거예요."
결국 미로 속에서 미노타우로스를 무찌른 테세우스는 아리아드네 공주의 지혜로 아이들과 함께 무사히 미로를 빠져나왔다는 이야기랍니다.
전설의 존재 미노타우로스가 한때 살았던 곳, 바로 이 신화의 배경이 되는 크노소스 궁전은 실제로 그 유적이 발견되었어요. 비록 궁전의 지하에 미로가 있었는지는 정확하게 밝혀지지 않았지만, 궁터를 들여다보면 서로 연결된 1,300여 개의 방과 복도가 미로처럼 매우 정교하고 복잡하게 설계된 것을 알 수 있어요. 이를 미루어볼 때 반드시 이 전설 때문이 아니더라도, 당시 왕이나 왕족의 무덤을 보호하거나 적의 침입을 대비하기 위해서 신비한 미로를 만들었을 수도 있겠죠?

미로와 위상수학

조르당 곡선을 활용한 미로는 그리스 신화뿐만 아니라 유럽 전역에서도 찾아볼 수 있다. 영국의 런던 근처에는 1690년에 건설된 햄프턴 궁이 있는데, 이 궁 안에 있는 정원이 미로 모양을 하고 있다. 또 북유럽의 발트해를 따라 돌이나 모자이크 혹은 나무를 심어 만든 미로 모양의 유적이 다수 발견되었다. 어부들은 이 미로를 걸으며 소원을 빌기도 했다고 한다. 우리나라에서는 제주도에 있는 김녕미로공원을 예로 들 수 있다. 이 공원은 제주대학교에서 퇴직한 미국인 프레드릭 더스틴(Frederic H. Dustin) 교수가 1983년부터 손수 나무를 심으면서 만든 우리나라 최초의 미로 공원이다.

이러한 미로와 관련이 있는 분야가 바로 위상수학(topology, 位相數學)이다. 위상수학은 위치와 공간의 성질을 연구하는 학문이라고 할 수 있다. 대부분의 학생들은 위상수학이란 용어도 개념도 어려워한다. 오죽하면 위상수학이 영어로 'topology'라 부르는 데에 빗대어 "또 모르지?"라고 농담 삼아 부를 정도니! 배우기도 전에 어려워 보이는 이 위상수학에 대해 간단하게 설명해 보겠다.

잘 늘어나는 튼튼한 고무 밴드를 떠올려 보자. 이 고무 밴드를 자르거나 새로 잇지 않고 다양한 도형을 만들 수 있을까?

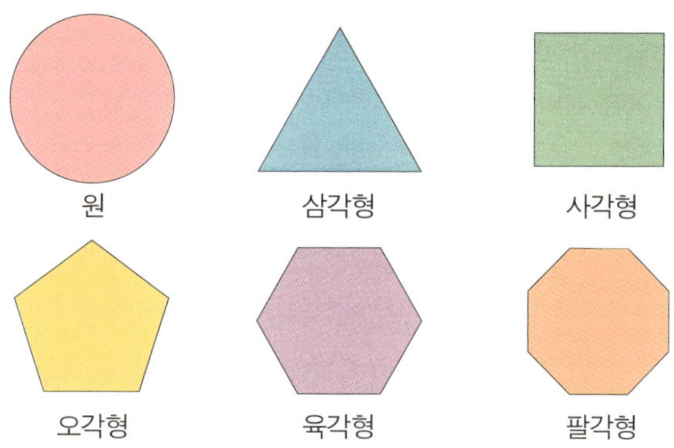

물론, 만들 수 있다. 위상수학의 정의에 따르면 앞의 도형들은 늘이거나 줄이고 구부려서 서로 같은 모양을 만들 수 있기 때문에 그려진 모양은 다르지만 위상은 모두 같다고 할 수 있다.

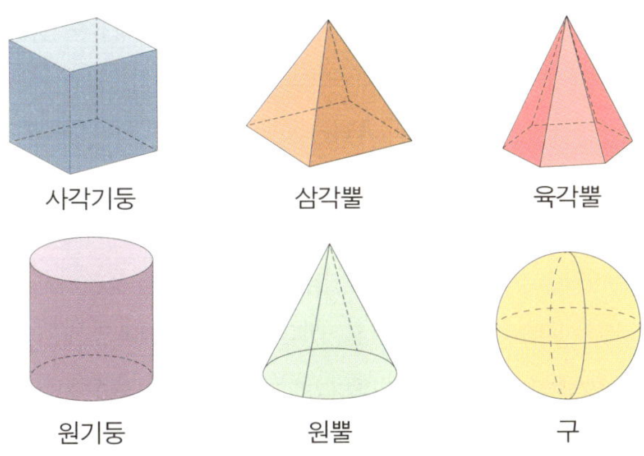

이번에는 풍선을 떠올려 보자. 풍선을 불면 여섯 가지 입체도형을 다 만들 수 있기 때문에 위상수학에서는 이 입체도형들이 마찬가지로 다 같다고 본다. 다시 말해, 위상수학은 공간 속의 점, 선, 면 그리고 위치 등에 대한 양이나 크기와는 상관없이 형상 또는 위치 관계를 연구하는 수학 분야라 말할 수 있다.

그럼 다시, 앞에 잠깐 얘기했던 신화 속 미로 이야기로 돌아가 볼까? 아리아드네 공주가 테세우스에게 쥐여 주었던 실뭉치. 이 실도 미로의 모양을 그대로 만들 수 있기 때문에 '실과 미로는 같다'라는 위상수학을 적용해 보면 아무리 복잡한 미로라도 길을 쉽게 찾을 수 있다.

미로에서 가장 쉽게 탈출하는 방법은?

어떤 미로에서도 무사히 빠져나오는 방법은 무엇일까요? 미국의 수학자 노버트 위너(Norbert Wiener)가 증명한 일명 '벽 따르기 법'입니다. 즉, 벽을 따라가면 반드시 미로를 빠져나올 수 있다고 합니다.

먼저 왼손이든 오른손이든 한 손을 정해서, 그 손으로 벽을 짚으며 미로 속으로 들어갑니다. 잘못된 길로 들어서서 막힌 곳에 닿아도, 벽을 따라 계속해서 걸어가면 처음의 갈림길로 다시 가게 됩니다. 그런 다음, 다시 바른 길을 따라가게 되면서 결국에는 출구로 나갈 수 있답니다. 이때 반드시 기억해야 할 것은 왼손이나 오른손 중 반드시 한 손만 쓰고, 절대 중간에 손을 바꾸지 말아야 한다는 것이에요. 꼭 한 손으로 끝까지 벽을 짚어 나가야 한다는 것만 명심하세요! 미로 같은 동굴 속에 들어갈 경우, 이 방법을 이용하면 누구나 쉽게 동굴 밖으로 빠져나올 수 있겠죠?

23

나스카 지상화

거대한 그림

버뮤다 삼각지대에 대해 들어본 적 있는가? 이곳은 버뮤다제도를 점으로 하고 플로리다와 푸에르토리코를 잇는 선을 밑변으로 하는 삼각형의 해역을 말한다. 별다른 이유 없이 비행기와 배가 사라지는 해역으로 세계 5대 불가사의 중 하나로 꼽히기도 한다. 이 버뮤다 삼각지대는 특이하게도 세 변의 길이가 같은 정삼각형 모양으로 이뤄졌는데, 이 때문에 이곳에서 미스터리한 사건이 발생하는 이유가 외계인이나 미지의 초자연적인 힘 때문이라고 생각하는 이들도 있다.

지구상에는 버뮤다 삼각지대처럼 외계인이 개입된 것으로 생각되는 여러 가지 미스터리가 있는데, 외계인이 그렸다는 설이 자자

한 거대한 그림이 있다. 그것도 드넓은 사막을 도화지 삼아서 말이다. 정말 외계인과 관련된 것인지, 혹은 과거에 존재하던 놀라운 문명의 증거인지, 지금부터 사막에 펼쳐진 신비한 그림을 살펴보자.

사막 위에 펼쳐진 거대한 미스터리

먼저 두개의 그림을 살펴보자. 특징을 잘 살려서 그린 그림이라 대략 무엇을 그렸는지 짐작할 수 있을 것이다. 첫 번째 그림은 실제로 그 길이가 50m 정도, 두 번째 그림은 80m 정도 된다. 그래서 하늘 위에서 내려다봐야지만 전체적인 모양을 정확히 확인할 수 있다. 광활한 대지를 도화지 삼아 그려진 다소 특별한 이 그림들은 '세상에서 가장 큰 그림책'이라 불리는 나스카 지상화이다.

나스카 문명은 페루 남부 이카강과 나스카강 연안을 중심으로 기원전 100년부터 800년까지 발달한 것으로 알려졌다. 당시 페루

지역에는 독자적인 지역 문화가 꽃피었는데, 나스카 문명이 전 세계의 이목을 받게 된 것은 이 '나스카 지상화'의 발견 덕분이다. 압도적인 크기뿐만 아니라 지극히 단순한 선 자체가 신비롭기 짝이 없는 놀라운 그림들이다.

이것을 처음 발견한 사람은 바로 미국의 역사학자 폴 코소크(Paul Kosok)였다. 코소크는 1939년 페루 해안 지방의 고대 관개시설 연구를 위해 비행기를 타고 페루를 방문했는데, 이때 하늘에서 우연히 평원에 펼쳐진 독특한 선들을 발견했다. 이후 그는 비행기를 전세 내 이 선들을 확인한 결과, 단순한 도로 자국이 아니라 그림이란 것을 확신하게 되었다. 그렇게 세상에 나스카 지상화가 알려지게 된 것이다.

이곳에는 총 1,000km^{2}가 넘는 넓이에 거미와 고래, 원숭이, 개,

나무, 우주인으로 보이는 존재, 벌새, 펠리컨 등 형태나 의미를 알 수 있는 그림이 30개 이상, 직선과 소용돌이, 삼각형과 사다리꼴과 같은 도형 등 기하학무늬가 200개 이상 그려져 있다.

대부분의 문양들은 100m가 넘고 가장 큰 그림은 그 길이가 무려 300m에 이를 정도로 어마어마한 규모를 자랑해 하늘 위에서 보지 않고는 그 형체를 제대로 확인할 수도 없다. 아마도 1500~2000년 전 사이에 그려졌으리라 추정되는 이 그림들이 항공기가 상용화된 1940년대에 와서야 발견된 것은 이 때문이 아닐까.

그런데 고대인들은 무슨 이유로, 또 어떤 방법으로 이토록 거대한 그림을 그렸던 것일까? 이 의문을 해결하기 위해 여러 가지 이론이 만들어졌는데, 그중에는 심지어 우주에서 외계인들이 찾아왔고 이들을 신으로 여긴 나스카인들이 우주선을 착륙할 수 있도록 활주로를 만들었다는 이야기도 있다. 이 이야기 속에는 엄청난 크기의 그림이니까 미개한 고대인의 능력으로는 그릴 수 없었을 거란 생각도 숨어 있다.

하지만 고대인이라고 해서 꼭 현대인보다 머리가 나빴을까? 지능의 높낮이를 떠나서, 사실 나스카 지역의 토양에 대해 안다면 이곳에 그림을 그리기가 어렵지 않다는 것을 알 수 있다.

한눈에 볼 수도 없는 이런 엄청나게 큰 그림을 그린 이유에는 다른 의견들도 있다. 하나는 계절이나 시간을 알기 위해서 특정한 별이 뜨는 방향에 맞춰 땅에 긴 선을 그려 표시한 '하늘의 달력'이었다는 것이다.

나스카 평원의 비밀

나스카 평원의 토양은 철분이 함유된 검은 돌 조각이 표면에 있고, 그 아래는 흰색의 석회질로 이뤄져 있어요. 고대인들은 이 돌을 걷어내고 약 30cm 정도의 깊이로 땅을 파내, 안쪽의 흰색 흙이 드러나는 방식  으로 선을 그렸답니다. 그리고 걷어낸 돌을 둑처럼 옆에 쌓아서 그림을 완성했어요. 또 해안에서 불어오는 바람은 나스카 지상화를 더욱 선명하게 만들어 주었어요. 왜냐하면 바람 속에 섞여 있는 염분이 철분 성분의 돌과 만나면서 붉게 부식되었고, 석회질의 흙을 고형화시켰기 때문이죠.

그런데 2,000년 가까이 지난 현재에도 원형 그대로 그림이 남아 있을 수 있었던 이유는 무엇일까요?

태평양과 안데스산맥 사이에 위치한 나스카 평원은 아주 건조한 지역이라서 연평균 강수량이 10mm도 안 된다고 합니다. 전형적인 사막 기후로 비가 내리더라도 흩뿌리는 수준의 안개비 정도입니다. 또한 모래와 자갈, 산화철이 된 돌들이 낮 동안 받은 강한 자외선을 복사열로 내뿜어 지상 60cm 정도까지는 바람도 크게 불지 않았기 때문에 그림이 선명하게 유지될 수 있었다고 합니다. 건조한 기후와 선명한 그림을 가능케 한 토양. 이 두 가지 요소가 겹쳐져 놀라운 유적이 오늘날까지 전해지게 되었다는 것이죠! 이 나스카 지상화는 남미 지역의 문화 및 신앙에 대한 뛰어난 증거를 보여 준다는 점을 인정받아 1994년에 유네스코 세계유산으로 지정되었어요.

또 하나는 종교적 목적이나 왕의 정치적 업적을 과시하기 위해서 그들이 신성하게 여기던 동물이나 식물 등의 그림을 그렸다는 것이다. 이집트의 피라미드처럼 그림 역시 크면 클수록 더 대단해 보이고 왕의 위신도 올라갈 테니 말이다.

나스카 지상화의 제작 방법은 앞서 말한 것처럼 의외로 간단하다. 검은색 돌을 치워 바닥의 하얀 흙을 드러나게 하는 것만으로도 쉽게 선을 그을 수 있다.

그런데 이렇게 선을 그리는 것까지는 매우 간단하지만, 이를 토대로 어떻게 저런 큰 그림을 그렸는가는 여전히 미스터리로 남아 있다.

닮은꼴을 활용하라

하늘에서 내려다봐야만 완전한 형태를 알 수 있는 그 거대한 그림을 새긴 이들은 도대체 누구일까? 진짜 외계인일까? 아니면 혹시 고대인들 중에 그림 그리기를 좋아했던 거인이라도 있었던 걸까? 많은 사람들은 그렇게나 거대한 그림을 도대체 무슨 방법으로 그렸을지 궁금해 한다.

하지만 수학을 잘 아는 사람이라면 아주 쉽게 답을 찾을 수 있다. 그건 바로, 닮은꼴과 닮음비를 이용한 것이다.

여기서 잠깐 '닮았다'는 말을 짚고 넘어가자. 우리는 부모와 자식 간에 닮았다는 말을 쓰기도 하고, 키까지 똑같아서 구분이 어려울 정도인 쌍둥이를 보면서도 닮았다는 말을 사용한다. 수학에서는 이 두 가지 경우를 구분하여 쌍둥이처럼 완전히 똑같은 두 도형을 '합동'이라 부르고, 부자간처럼 모양은 같지만 크기가 다른 도형을 '닮음'이라 부른다.

나스카 지상화는 이 닮은꼴과 닮음비를 이용해서 그렸을 것이다. 예를 들면, 먼저 밑그림을 작게 그려놓고, 이 밑그림을 일정한 비율로 확대하여 그림을 그려 나가면 된다. 제작 방법을 요약해 보면 다음과 같다.

① 먼저 작은 크기의 그림을 그린다.

② 그림의 바깥쪽에 점 하나를 찍는다.

③ 그 점을 기점으로 그림의 각 부분(점)에 실을 연결한다.

④ 이로써 기점과 그림의 각 점 사이의 길이를 알 수 있다.

⑤ 10배로 확대하고 싶으면 기점과 그림의 각 점과의 길이에 10을 곱한다.

작게 그린 밑그림을 이와 같은 방법으로 확대하면, 불가능해 보일 것 같은 어마어마한 크기의 그림도 그려낼 수 있다. 나스카 평원의 토양은 살짝만 골을 내어도 모양이 잘 그려지기 때문에 많은 힘을 들이지 않아도 가능했을 것이다.

생각해 보면 100m를 천천히 걸어간다고 하더라도 2분 정도면 충분하지 않은가. 나스카인들도 100m짜리 직선을 이런 방법으로 그렸다면 길어야 10여 분 정도면 완성했을 것이다. 복잡한 그림이라면 꽤 시간이 걸리겠지만 나스카 지상화는 대체로 직선과 곡선을 이용한 단순한 그림들이 많기 때문에 여러 명이 동시에 했다면 생각보다 수월했을지도 모른다.

물론 이것은 수학자의 가설일 뿐이다. 하지만 나스카 지상화의 주변에서 축소도와 말뚝 같은 것이 발견되었다고 하니 어느 정도 신빙성이 있다.

사막에 어마어마한 크기의 그림을 그린다는 게 굉장히 어려울 것이라고 생각해 '외계인이다', '신이다'와 같은 재미난 말들이 많지만, 사실 이렇게 수학 원리만 알면 사람도 쉽게 그려낼 수 있다는 사실! 이것이야말로 불가사의한 미스터리도 풀어내는 수학의 힘이 아닐까?

지상 최대의 불가사의, 나스카 지상화

나스카 지상화를 처음 발견했던 폴 코소크의 뒤를 이어 평생을 바쳐 이 지상화를 연구한 사람이 있었는데요. 바로 독일의 수학자 마리아 레이헤(Maria Reiche)입니다. 레이헤 박사는 나스카 지상화가 고도의 수학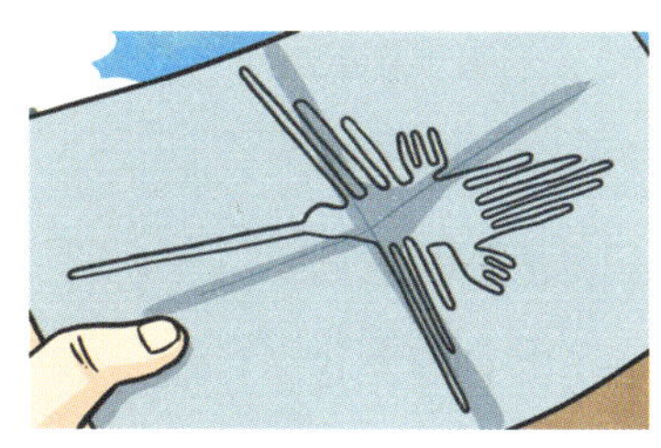 적 방식에 의해 그려진 천체 운행도, 즉 달력이라고 주장했어요. 직선은 태양과 달, 별의 궤도를 표현했고, 동식물은 나스카 문명의 신이었던 성좌를 의미한다고 해석했어요. 또 그녀는 나스카인들이 말뚝에 끈을 묶어 직선을 그렸고, 컴퍼스처럼 중심점을 이용해 곡선과 원을 그렸다고 생각했답니다.

하지만 1968년 미국의 천문학자 제럴드 호킨스(Gerald Hawkins)는 지상화와 천체 운행 사이에 아무런 상관관계가 없다고 밝혔어요. 호킨스는 나스카 지상화 93개와 별 관측 자료 45개를 컴퓨터에 입력해 나스카 선들의 배열이 해와 달, 별의 위치와 일치하는지 분석했습니다. 그 결과 나스카 문양의 선이 달력을 이루고 있다는 통계적 증거가 전혀 없다는 것을 알았습니다.

이 밖에도 이스타 섬의 모아이 석상을 만든 외계인이 나스카 지상화도 그렸다는 주장이 있었는데요. 나스카 지상화 주변의 무덤에서 발견된 직물이 그 근거였어요. 이 직물들은 오늘날 낙하산의 소재만큼 정교하게 짜여 있었고, 또 열기구에 쓰이는 소재보다 기밀성도 뛰어난 것으로 나타났죠. 1975년 전직 우주 조종사였던 짐 우드맨은 실제로 나스카 직물로 열기구를 만들어보기도 했어요. 그 결과 120m 상공을 14분이나 비행하는 데 성공했답니다. 이 실험으로 고대 나스카인들이 비행으로 그림을 그렸을 수도 있다는 가설을 어느 정도 입증할 수 있었어요.

그 후 많은 과학자가 나스카 지상화의 비밀을 밝히기 위해 첨단 기술로 생성 연대와 의미를 분석하려 했지만 아직까지도 분명히 밝혀진 것은 없습니다. 세계 7대 불가사의 중 하나인 나스카 지상화. 정말 누가 어떻게 그린 걸까요? 또 그들은 그림을 통해 무엇을 전하고 싶었던 걸까요?

24

4색 정리

아름다운 수학 증명

스케치북에 밑그림을 그린 뒤 크레파스나 색연필, 물감으로 색을 채워 넣는 미술 활동은 주로 어린아이들의 놀이 영역이었다. 하지만 요즘엔 청소년이나 성인을 대상으로 다양하고 정교한 밑그림에 색칠을 할 수 있는 컬러링북이 많이 나오고 있다. 그런데 이 색칠 놀이에도 수학을 적용해 볼 수 있다.

여러 도형이 그려진 밑그림이 있다. 이것을 색칠하되, 도형이 서로 붙어 있는 공간에는 색이 겹치지 않게 다른 색을 칠해야 한다. 또 자신이 고른 색들의 가짓수는 가장 적게 잡아야 한다. 공간이 맞닿아 있는 곳에는 같은 색을 칠하지 않도록 주의하면서 '최소한'의 색만을 사용해야 한다는 것이다. 그럼 이제부터 한번 색칠해 보자.

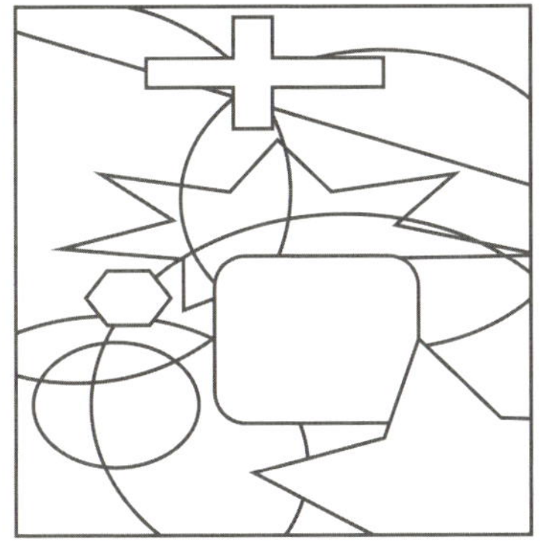

수학자들의 난제 '4색 문제'

최소한 몇 가지 색이 필요했나? 그림을 보면 빨간색, 노란색, 초록색, 파란색으로 구분했다. 밑그림에서 도형의 공간이 서로 겹치지 않도록 색을 칠한다면 최소 4가지 색은 필요한 것이다. 그냥 예쁘게 칠하면 되지, 뭘 그렇게 조건을 붙여가며 머리를 쓰면서까지 색칠을 하느냐고? 그게 바로 수학자들의 숙명인가 보다. 지금 우리가 색칠해본 이 문제는 1852년 한 수학자의 궁금증에서부터 출발하였다. 바로 영국의 수학자 프랜시스 구드리(Francis Guthrie)는 어느 날 자신이 살고 있던 영국의 지도를 가만히 들여다보다가 문득 이런 생각을 하게 된다.

'서로 붙어 있는 지역을 다른 색으로 칠해서 땅을 구분한다면, 도

대체 몇 가지 색이 필요할까?'

그냥 칠해보면 알겠지, 하고 쉽게 생각했지만 '도대체'는 '최소
한'으로 보다 분명한 조건이 되었고, 이 '최소한'이란 단어가 발목
을 잡기 시작했다! 게다가 구드리는 수학자였기 때문에 더욱 깊은
고민에 빠졌다. 만약 답을 구하더라도 정확하게 증명할 수 있어야
비로소 그 문제의 정답이 되는 것이기 때문이었다. 당시 아무리 복
잡한 지도라도 4가지 색만 있으면 조건에 맞게 칠할 수 있다는 것
을 경험으로 알게 된 구드리는 다시 다음과 같은 의문을 제기했다.

'모든 지도를 서로 이웃하는 나라끼리 겹치지 않게 4가지 색으
로 칠할 수 있을까?'이 문제를 푸는 조건으로 주어진 사항은 다음
의 2가지였다.

① 인접한 나라들은 서로 다른 색으로 칠한다.
② 점으로만 맞닿아 있는 국가는 인접하지 않은 나라로 본다.

하지만 그는 이 문제를 수학적으로 증명해낼 수 없었다. 결국 자
신의 힘으로 문제를 풀 수 없다고 생각한 구드리는 그의 동생에게
편지를 써서 고민을 토로했다. 이를 들은 구드리의 동생은 드모르
간 법칙 등을 창시한 당시 유명했던 수학자 오거스터스 드모르간
(Augustus De Morgan, 1806~1871)에게 '4가지 색으로 모든 지도를
칠하는 것'에 관해 질문했고, 이후 이 문제를 '4색 문제'라고 부르게

되었다.

드모르간은 또 다른 수학자인 해밀턴에게 편지를 써 도움을 요청하는 등 이 질문을 해결하려고 많은 노력을 기울였지만 끝내 해결하지 못했다. 그 뒤로 4색 문제는 많은 전문 수학자와 아마추어 수학자에게 호기심도 불러일으켰고, 덩달아 풀릴 듯 말 듯한 난제로 괴로움을 안겨주었다. 19세기 최고의 수학자로 불리는 민코프스키는 "이까짓쯤이야." 하고 문제를 만만하게 여기며 도전하지만 결국 "나의 오만함이었소!" 하며 실패를 인정했다고 한다.

5색 정리

4색 문제는 여러 학자들에 의해 연구된 뒤 1879년 아서 케일리(Arthur Cayley)의 논문에서 정식으로 논의되기 시작했어요. 그리고 같은 해에 최초의 그럴듯한 증명이 알프레드 캠프(Alfred Kempe)에 의해 제시되었습니다. 그리고 그 다음 해에는 피터 테이트(Peter Tait)가 또 다른 방법으로 '4색 정리'를 증명하면서 이 색의 문제는 일단락되는 것처럼 보였어요.

하지만 1890년 퍼시 히우드(Percy Heawood)에 의해 캠프의 증명에 오류가 있다는 것이 밝혀졌고, 이후 비슷한 증명이 모두 틀렸다는 사실이 드러났답니다. 그렇게 4색 문제는 다시 원점으로 돌아가는 듯했지요. 그런데 곧바로 히우드는 캠프의 증명을 손질하여 4가지가 아닌 5가지 색을 사용하면 구분된 평면을 겹치지 않게 칠할 수 있다고 밝혔어요. 이 증명을 '5색 정리'라고 한답니다. 그러나 그 후에도 5색 정리에 대한 의문이 끊임없이 제기됐고, 많은 수학자들이 이 난제를 증명해내기 위해 노력을 기울였지만 번번이 실패하고 말았어요.

이렇게 4색 문제의 증명이 정체되던 중, 독일의 수학자 하인리히 헤슈(Heinrich Heesch)가 다시 증명에 뛰어들었다. 그는 수학적 기법을 통해 고려해야 할 모든 종류의 지도를 단순화하고 축소할 수 있었다. 그런데 문제는 아무리 단순화시키더라도 어림잡아 1만 가지 지도를 고려해야 한다는 것이었다. 이것은 그가 평생을 바쳐 계산해도 증명하기 어려울 만한 양이었다.

무엇보다 그때까지 제기된 수학 문제의 증명들은 모두 단순하고 아름다웠으며, 그것이 곧 수학의 매력이라 여겨졌다. 그렇기 때문에 헤슈가 제안한 모든 지도를 고려하는 방법은 다른 수학자들에게 무시당했고 옳지 않다고 여겨지기도 했다. 하지만 헤슈의 생각은 달랐고, 연구 끝에 그는 한계를 극복할 수 있는 방법으로 문명의 발전을 이용하고자 했다. 바로 컴퓨터를 활용해서 말이다! 이는 세계 최초로 컴퓨터를 이용한 수학 증명이었다. 대학에서 '그래프 이론'을 연구하던 헤슈는 4색 문제를 컴퓨터로 증명해낼 수 있겠다는 생각이 들었고, 여러 학자들과 함께 아이디어를 공유하기 시작했다. 초반에 박차를 가하던 그의 연구는 재정난으로 연구자금을 받지 못하게 되면서 아쉽게도 증명에 성공하지는 못했다.

그 후 1976년 미국의 수학자 볼프강 하켄(Wolfgan Haken)과 케네스 아펠(Kenneth Appel)이 헤슈의 아이디어를 바탕으로 결국 4색 문제를 해결했다. 그들은 먼저 지도를 그 특징에 따라 약 1,879개의 경우로 분류했다. 그리고 그 각각의 경우가 4가지 색으로 충분함을 컴퓨터를 이용해 수학적 귀납법으로 증명을 완성했다. 대형 컴퓨터를 1,200시간 이상 가동하여 계산한 결과였다. 이 해결로 인해 컴퓨터를 사용해서 얻은 증명이 수학에서 처음 공인될 수 있

었다. 또 이때부터 4색 문제가 아닌 '4색 정리'로 불리게 되었다.

그런데 하켄과 아펠의 증명 방식은 일반적으로 수학에서 사용하는 방법과 사뭇 달라 논란을 일으켰다. 수많은 도표와 함께 수백 페이지에 달하는 복잡한 증명은 대단한 각오를 하지 않고서는 읽어볼 수조차 없었기 때문이다. 속도가 빠른 컴퓨터로도 엄청난 시간이 걸렸는데, 손으로 직접 한다면 아마 영원히 해야 하지 않을까? 이것은 컴퓨터의 도움 없이는 증명할 수 없었음을 의미하기도 했다. 어찌 됐든 그때까지 수학의 에베레스트산 중 하나였던 4색 문제라는 난제를 그들이 정복한 것만은 분명했다. 이 증명을 계기로 이후 증명 과정에서 컴퓨터를 쓰는 것이 일반화되었고, 다양한 수학 정리에도 사용되고 있다. 또한 이런 아펠과 하켄의 증명을 기리기 위해 일리노이 대학교가 있는 어바나 시는 'FOUR COLORS SUFFICE (4가지 색이면 충분하다)'는 소인을 만들어 우편에 찍어 이 일을 기념하기도 했다.

아름다운 수학적 증명을 찾아서…

아직도 '4색 정리의 증명이 타당한 것인가'에 대해 미심쩍어 하는 사람들이 있답니다. '컴퓨터로 얻어낸 해결 방법을 과연 신뢰할 수 있는가?'라는 문제가 제기되었기 때문이죠. 결론을 도출한 뒤 과정에 오류가 없음을 확인받는 게 기존의 '증명'이었는데, 하켄과 아펠의 증명은 '컴퓨터로 계산했으니 맞다' 하며 수백 페이지의 종이를 담은 박스를 들이미는 식이라 당시 여러 수학자들에게 '아름답지 못한 증명'이라 평가되었어요. 인간의 두뇌를 이용한 증명이어야 인정할 수 있다고 생각하는 사람도 있었으니까요.

이런 논쟁은 지금까지도 이어지고 있는데, 일본 작가 히가시노 게이고의 베스트셀러 소설을 영화화한 〈용의자 X의 헌신〉에도 이와 관련된 내용이 나오죠. 영화에서 수학교사 이시가미는 살인사건의 용의자로, 물리학자 유카와는 이 사건을 푸는 교수로 등장하는데, 이 둘이 과거를 회상하는 장면이 매우 인상적이었어요. 교정 벤치에 앉은 이시가미가 4색 문제를 증명하는 데 몰두하고 있는 것을 본 유카타가 묻습니다. "그거 이미 증명된 문제 아니야?" 그러자 이시가미가 답하죠. "컴퓨터가 아닌 인간의 두뇌를 이용한 방법을 찾고 있어. 그게 아름다운 증명이니까."라고요.

물론 어떤 증명이 아름답냐는 건 사람마다 기준이 다를 테죠. 하지만 '왜 4색 정리가 참이어야 하는가'라든지 '증명에 담긴 본질은 무엇인가'에 대한 만족스러운 대답으로 볼 수 없었다는 건 분명한 것 같아요. 그래서 아직도 아름다운 증명을 찾아 나서는 노력이 끊임없이 계속되고 있나 봅니다.

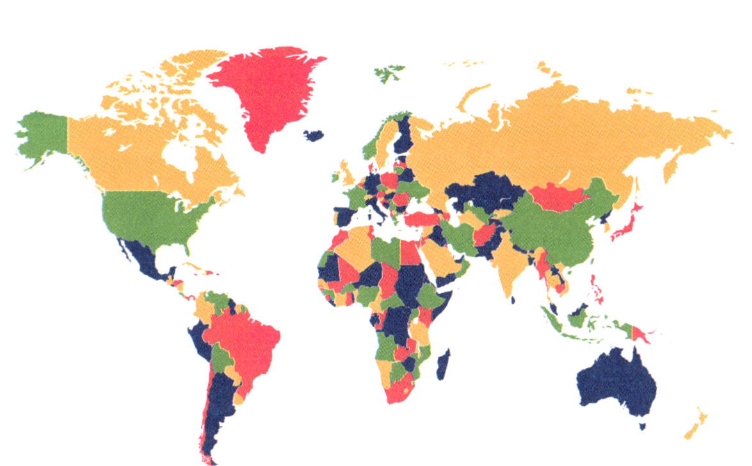

이것은 4색 정리를 뒷받침해 주는 것으로 4가지 색만으로 세계지도를 표현했습니다. 만약 어떤 문제가 느껴진다면, 과감하게 그 문제를 파헤치기 위한 도전을 해보는 건 어떤가요? 문제의식, 탐구정신은 수학의 중요한 바탕이 되는 정신이랍니다. 구드리의 문제 제기가 없었다면 세계지도를 4가지 색으로 칠하든 형형색색으로 칠하든 아무도 관심을 갖지 않았을 테니까요.

'문제는 문제 삼지 않으면 문제가 되지 않는다.' 라는 말이 있습니다. 내가 풀 수 없는 의문이 생겼을 때, 또는 누군가가 풀리지 않는 의문으로 도움을 청했을 때 되도록 많은 사람에게 알려 문제를 제기하고, 함께 해결할 수 있도록 해보면 어떨까요? 엉뚱한 궁금증이 많았던 영국의 수학자 프랜시스 구드리처럼 말이죠. 전 세계 사람이 내 질문에 답하기 위해 고민하고 연구한다면? 정말 가슴 벅찬 일이 아닐까요? 끝으로, 4색 정리를 이야기하면서 살짝 드는 생각이 있습니다. '정말 수학자들은 별걸 다 궁금해하는구나.'

25 아폴로니안 개스킷
수학이 만들어 낸 예술

'수학'이라고 하면 많은 사람이 숫자나 복잡한 수식부터 떠올리겠지만, 사실 이 수학을 이용하면 '이렇게 아름다울 수가!' 하고 입이 떡 벌어질 만큼 아름다운 미술 작품도 표현할 수 있다. 무슨 소리냐고? 일단 예술품으로도 손색없을 이 수학적 개념을 설명하기에 앞서 노래부터 한 소절 불러 보겠다. '내 속엔 내가 너무도 많아. 당신의 쉴 곳 없네.' 조성모의 〈가시나무〉다. 왜 하필 이 노래냐고? 이번 장에서 나는 도형 안에 도형이 너무 많은, 신기한 그림 얘기를 할 것이기 때문이다. 그럼 이제부터 수학이 만들어낸 예술 작품 속으로 들어가 보자!

사막에 새겨진 세계에서 가장 큰 그림

'미국의 네바다주에 있는 블랙 록 사막(Black Rock Desert)에서 세계에서 가장 큰 그림이 만들어졌다!' 2009년 12월 16일, 영국 〈데일리 메일(daily mail)〉에서 발행된 이 기사는 전 세계 사람들을 깜짝 놀라게 했다. 사막에 새겨진 이 그림은 지름 약 4.8km, 둘레 15km 이상의 큰 원과 그 원 안에 그려진 1,000개가 넘는 원으로 구성되어 있었다. 이 거대한 작품은 영국 런던에 있는 웸블리

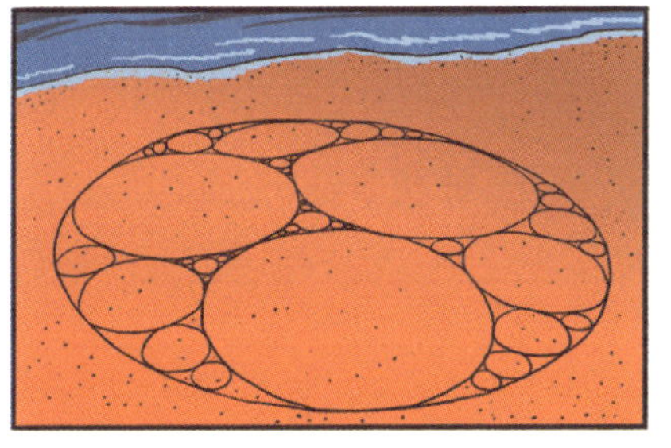

스타디움(Wembley Stadium)보다도 176배 이상이나 컸으며, 지상 4만 피트(약 12km) 상공에서 봐야지만 전체를 볼 수 있을 정도였다. 눈이 휘둥그레질 만큼 어마어마한 크기의 그림! 도대체 누가 그렸을까? 외계인이라도 다녀간 걸까?

사막을 도화지 삼아 이 신비한 그림을 그린 사람은 바로, 모래 예술가 짐 데네반(Jim Denevan)이었다. 그는 황량한 사막에 특징을 주고 싶어서 자신의 동료 3명과 함께 무려 15일에 걸쳐 이 그

림을 완성했다고 밝혔다. 이 작품은 크고 작은 원을 반복적으로 그리는 형식으로 만들어졌다. 뚜렷하게 보이기 위해 거의 모든 선을 최소 4~5번 이상씩 깊게 땅을 파면서 작업했고, 가장 어두운 선은 무려 폭 8m 이상, 깊이 1m 정도나 되었다. 상공에서 찍은 사진만 보더라도 상상할 수도 없을 만큼의 공이 들어간 작품이라 할 만하다. 이 엄청난 크기의 예술 작품을 사람들은 '아폴로니안 개스킷(Apollonian Gasket)'이라 부른다. 아폴로니안 개스킷은 커다란 원 안에 접선의 형태로 원을 반복적으로 채워 넣은 그림을 말한다. 여기서 아폴로니안(Apollonian)은 유클리드, 아르키메데스와 더불어 기원전 3세기의 3대 수학자로 불리는 '아폴로니우스(Appollonius)'를 뜻한다.

신비로운 도형, 프랙탈

"주어진 3개의 원에 동시에 접하는 원을 그려라!"

이것은 이미 잘 알려진 '아폴로니우스의 문제(Apollonius' problem)'다. 우선 이 문제를 간단히 풀어 보자. 크기가 다른 3개의 원(보라색)이 주어졌을 때, 이 3개의 원에 접하는 원을 모두 그려보면 몇 개가 나올까? 다음 그림처럼 총 8가지가 나온다.

아폴로니우스의 원추곡선

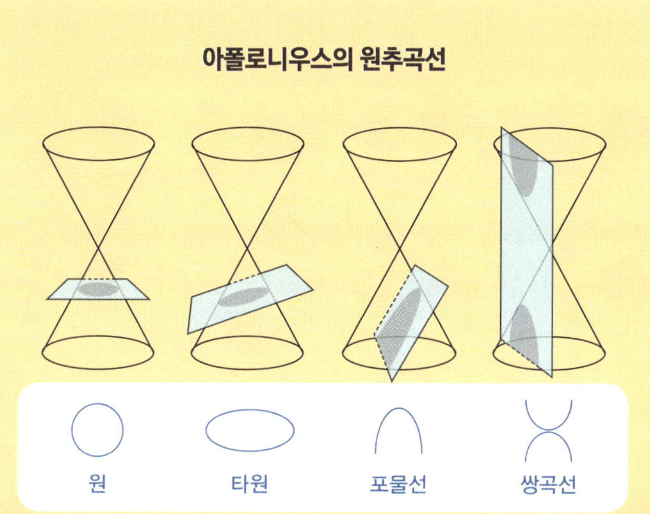

고대 그리스의 위대한 기하학자 아폴로니우스(Apollonius of Perga, BC 262~190)의 일생에 대해서는 거의 알려진 바가 없습니다. 하지만 아폴로니우스가 뛰어난 천문학자이자 수학자였다는 것과 그의 가장 위대한 업적으로 평가되고 있는 《원추곡선론(Conic Sections)》이라는 뛰어난 저서를 지었다는 것만은 분명한 사실입니다. 8권으로 구성된 이 책에서 오늘날 우리가 사용하는 원, 타원, 포물선, 쌍곡선의 어원을 찾아볼 수 있으며, 성질에 대해서도 다루고 있답니다.

원추곡선에 대해서도 살짝 짚고 가볼까요? 원추곡선이란 원, 타원, 포물선, 쌍곡선 등을 통틀어 부르는 명칭이에요. 이렇게 부르는 이유는 이 도형들이 원뿔을 절단하는 방법에 따라 각기 나타나기 때문입니다. 아폴로니우스는 하나의 직원뿔을 여러 가지 평면으로 잘라낸 후, 원뿔의 축에 대한 평면의 기울기가 모선의 기울기에 비해 큰가, 작은가, 같은가에 따라 쌍곡선은 '초과한다'는 뜻의 'hyperbola', 타원은 '부족하다'는 뜻의 'ellipse', 포물선은 '같다'는 뜻의 'parabola'의 원어를 사용했어요.

이 중에서 5번째 그림과 같은 방법으로 하되, 지금처럼 각기 다른 크기가 아니라 동일한 크기의 원 3개에 접하는 원을 반복적으로 그려 보자. 그렇게 계속해서 그려 가면 바로 아폴로니안 개스킷이라 부르는 프랙탈 도형이 만들어진다. 프랙탈(Fractal)이란 '작은 구조가 전체 구조와 비슷한 형태로 끝없이 되풀이되는 구조', 즉 한 부분이 전체의 모습을 대표하는 기하학적 형태를 가지는 것을 말한다. 이런 특징을 자기 유사성이라고 한다. 이처럼 자기 유사성을 갖는 기하학적 구조를 '프랙탈 구조'라고 부른다.

사진의 그림을 잠깐 살펴보자. 이 그림은 부분과 전체가 똑같은 모양을 하고 있는 '자기 유사성'과 단순한 기본 도형이 끊임없이 반복되는 '순환성'이라는 수학적 원리를 이용하여 전체 구조를 만든 것이다. 고사리의 잎 윤곽이나 나무가 가지를 뻗는 양상, 리아스식 해안선의 모양 등 자연에 존재하는 많은 것들이 이 자기유사성을

가지고 있다. 인체 내부의 복잡한 혈관 모양이나 신경계의 뉴런도 마찬가지다. 이러한 프랙탈 구조를 통해 우리는 동식물 형태가 불규칙하고 복잡해 질서가 없어 보이지만 결국 그것을 지배하는 구조에 수학적 원리가 숨어 있다는 것을 알 수 있다.

'아폴로니안 개스킷' 그리기!

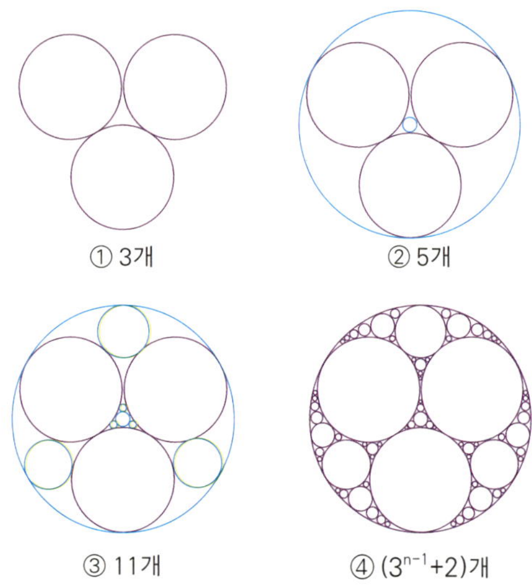

① 반지름의 길이가 같은 3개의 원을 서로 접하게 그립니다.

② 3개의 원에 동시에 접하는 2개의 원(파란색)을 그립니다.
  총 5개의 원이 됩니다.

③ 5개의 원 중 3개의 원에 동시에 접하는 원(초록색)을 6개 그립니다.
  총 11개의 원이 됩니다.

④ 11개의 원 중 3개의 원을 선택하여 같은 방법으로 그려 나갑니다.

이와 같은 방법으로 계속해서 원을 그리면 n단계에서는 모두 $(3^{n-1}+2)$개의 원이 그려집니다.

'위대한 기하학자'라 불리는 아폴로니우스. 그가 알아낸 원의 성질 가운데 하나가 바로 ②에서 그린 5개의 원입니다. 세 개의 원이 접할 때, 이 세 개의 원에 동시에 접하는 두 개의 원을 그릴 수 있다. 바로 이 사실을 처음 알아낸 것이죠. 이 원리로 무한히 원을 그리면 아폴로니안 개스킷이 만들어집니다. 아폴로니안 개스킷, 프랙탈 도형을 보면 단순함이 모여 복잡함을 표현하기도 하고, 반대로 복잡한 것을 또 단순하게 바꿀 수도 있다는 것이 느껴지는데요. 이것이야말로 다재다능한 수학의 또 다른 묘미가 아닐까요?

뫼비우스의 띠

돌고 도는 영원한 순환의 고리

'무한대'라는 말을 모르는 사람이 있을까? 무한히 큰 수, 숫자 중에 우주 최고 끝판왕 아닌가! 그런데 여기서 한 가지 슬슬 궁금증이 발동한다. 이 무한대를 표현하는 기호는 왜 하필 옆으로 누운 8자 모양일까? 8과 연관이 있나?

이 기호는 1655년 영국의 수학자 존 윌리스(John Wallis)가 쓴 책에서 처음 등장했다. 이때까지만 해도 무한대라는 개념이 정확하게 정의되지는 않았다. 그저 셀 수 없는 가장 큰 수의 개념 정도로만 이해되었는데, 어쨌든 '무한하다'라는 뜻을 품고 있는 것만은 확실해 보인다.

여기서 질문! 이 무한대 기호와 비슷한 도형을 본 적 있는가? 시작이 있으면 끝도 있어야 하고 처음이 있으면 마지막 또한 있어야 하거늘, 이 이상하게 생긴 모양의 띠는 이런 말엔 관심조차 없다는 듯이 존재하고 있다. 바로 '뫼비우스의 띠'다.

내부와 외부의 경계를 지을 수 없는 입체, 마치 무한하고 끝이 없어 내부와 외부를 구분할 수 없는 우주와도 같다. 정말 무한대의 모양과 똑같지 않은가? 이를 보고 사람들은 뫼비우스의 띠와 무한대의 기호가 어떤 관련이 있을 지도 모른다고 생각한다. 하지만 뫼비우스의 띠는 무한대의 기호가 만들어진 해보다 훨씬 뒤인 1858년에 만들어졌다. 지금부터 이 매력적인 띠 속에 숨어 있는 수학적 원리에 대해 알아보자.

바깥쪽과 안쪽을 구별할 수 없는 신기한 도형

놀이공원에 가면 구불구불한 선로 위를 엄청난 속도로 달리는 열차를 볼 수 있다. 옆으로 기울어졌다가 거꾸로 뒤집혔다가 결국에는 처음 출발했던 자리로 다시 되돌아오는데, 이 롤러코스터에는 어떤 수학 원리가 숨어 있을까?

롤러코스터는 뫼비우스의 띠의 원리를 이용한 것이다. 모든 사물에는 안과 밖이 있는데, 안과 밖을 구분할 수 없는 그것이 바로 뫼비우스의 띠다.

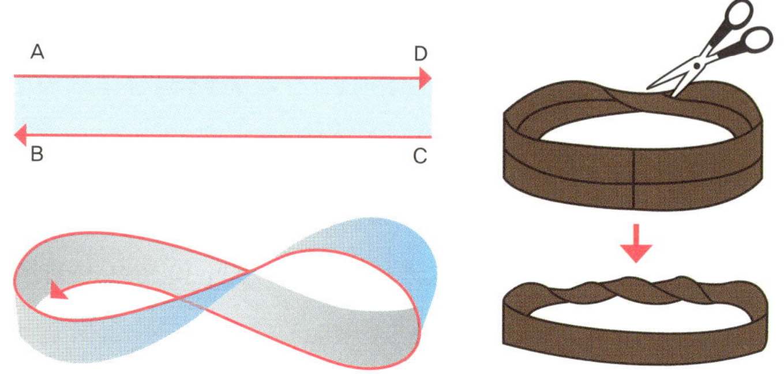

뫼비우스의 띠는 쉽게 만들 수 있다. 종이를 길게 잘라서 띠를 만든 후, 양 끝을 한 번 꼬아서 붙이면 된다. 띠의 한쪽 면 중앙을 따라 선을 쭉 그으면 뒷면인 것 같지만, 어느새 처음 출발한 곳에 선이 맞닿아 있는 것을 발견하게 될 것이다. 위상수학은 위치와 형상에 대한 공간의 성질에 대해 연구하는 학문인데, 이 뫼비우스의 띠는 위상수학적인 곡면으로 경계가 하나뿐인 2차원 도형을 말한다.

뫼비우스의 띠를 만드는 방법을 구체적으로 살펴보자. 종이를 잘라 띠를 만든 후 그 띠를 한 번 꼬아서 붙이면 그림과 같이 모서리 AD의 화살표와 모서리 CB의 화살표가 같은 방향으로 가는 하나의 화살표가 된다. 즉 꼭짓점 A는 꼭짓점 C, 꼭짓점 D는 꼭짓점 B와 일치하게 된다. 뫼비우스의 띠를 만든 다음 그 띠의 가운데를 따라 자르면 네 번 꼬인 하나의 띠가 된다. 이것은 뫼비우스의 띠가 위에서 본 것과 같이 경계가 하나뿐이기 때문이고, 자르면 두 번째 경계가 생겨나는 것이다.

이 띠는 1858년에 독일의 수학자 뫼비우스(August Ferdinand Möbius)와 요한 베네딕트 리스팅(Johann Benedict Listing)이 서로 독립적으로 발견했다. 뫼비우스는 대중적인 천문학 논문인 〈핼리혜성과 천문학의 원리〉, 〈정역학〉, 〈천체역학〉 등과 많은 수학적 논문을 발표한 천문학 교수였는데, 오늘날에는 뫼비우스의 띠로 더 유명하다. 뫼비우스는 2차원의 평면을 비틀어 이어 붙일 경우, 면은 하나이면서 3차원 공간이 될 수 있는 독특한 성질을 연구하다가 결국 뫼비우스의 띠를 고안해냈다. 이 뫼비우스의 띠가 가진 특징은 다음과 같다.

① 앞과 뒤, 안과 밖의 구분이 없으며 좌와 우의 방향을 정할 수도 없다.
② 어느 지점에서나 띠의 중심을 따라 이동하면 출발한 곳과 정반대 면에 도달한다.
③ 계속 나아가 2바퀴를 돌면 처음 위치로 되돌아온다.
④ 개미를 이 띠 위에 올려놓으면 그 개미는 영원히 빙빙 돌게 된다.

뫼비우스의 띠를 이해하려면 하나 더 알아야 할 것이 있다. 바로 '가전면(可展面, developable surface)'이다. 가전면이란 직선이 운동을 할 때 생기는 곡선을 뜻하는데, 뫼비우스의 띠에서 평형 상태를 유지하는 독특한 꼬인 부분이 있는데 그 부분을 가전면이라고 예측했다. 1930년에 이와 관련된 연구가 처음 시작이 되었지만, 본격적으로 연구가 진행된 것은 77년이 지난 2007년에 영국에서였다. 그리고 뫼비우스의 띠를 만들 때 직사각형 모양 띠의 가로와 세로 길이 비율에 따라 가전면과 띠의 에너지 밀도가 달라지며, 띠의 모양에 영향을 준다는 사실을 알아내게 된다.

여기서 에너지 밀도는, 띠를 접었을 때 재질 전체에 생기는 탄력 에너지를 의미하는데, 접힘이 심한 곳에 가장 높게 나타나고 평평하게 펴진 곳에서 가장 낮게 나타난다. 영국의 연구팀은 자연 속에서 뫼비우스의 띠가 실제로 나타난다는 사실을 수학적으로 풀어낸 것이다.

이러한 결과가 왜 중요할까? 이 연구를 통해 뫼비우스의 띠처럼 꼬인 물체의 어느 부분이 잘 찢기는지를 예측해볼 수 있게 되었고, 화학, 양자물리학, 나노테크놀로지 등을 이용해 새로운 약이나 구조를 만드는 데 다양하게 활용할 수 있게 되었다.

과학과 공학이 만드는 뫼비우스의 띠

뫼비우스의 띠를 마지막으로 본 게 언제냐고 물어보면 많은 사람들은 학창 시절을 떠올린다. 그러나 우리는 매일 뫼비우스의 띠를 보며 살아가고 있다. 무슨 말이냐고? 다음 그림을 보자. 무슨 기호 같은 이 그림은 무엇일까?

1970년 미국의 한 회사에서 환경 캠페인의 일종으로 재활용 로고 공모전을 개최했다. 당시 써던 캘리포니아 대학에 다니고 있던 개리 앤더슨이 바로 이 로고를 출품했고 그의 작품은 당당히 당선의 영광을 안았다. 그 후 지금까지 이 로고는 전 세계적으로 재활용을 상징하는 마크가 되었다. 뫼비우스의 띠의 성질을 활용한 이 마크는 3개의 입체적인 화살표가 고리 모양으로 순환하는 모양이다. '다시 돌아온다'는 뫼비우스의 띠에서 아이디어를 얻어 '다시 사용한다.'는 의미를 녹여낸 실로 멋진 마크가 아닐 수 없다!

뫼비우스의 띠는 위상수학의 개념으로 시작했지만, 이처럼 다양한 분야에서 응용되고 활용되고 있다. 실생활에서 뫼비우스의 띠의 원리를 적용한 것으로는 롤러코스터 외에도 방앗간이나 공장에서 기계의 축을 돌리는 벨트나 에스컬레이터 손잡이도 들 수 있다. 한 번 꼬여 있는 벨트로 기계를 돌리면 벨트의 모든 면이 기계에 골고루 닿게 되므로 벨트의 수명이 훨씬 길어진다. 뫼비우스의 띠를 활용한 특허만도 수백 건이 넘는다.

1923년 리 데 포레스트(Lee de Forest)는 양면에 모두 녹음이 되는 뫼비우스 필름을 발명했다. 1960년대에는 기계에서부터 전자 부품 등에 이르기까지 뫼비우스의 띠를 이용한 특허가 훨씬 더 다양한 분야에 확산됐다. 예를 들면 1967년에는 제너럴 모터스 사에 근무하던 제임스 제이콥스가 드라이클리닝 기계용 뫼비우스 자동

세척 필터에 관한 특허를 받았다.

오늘날 뢰비우스의 띠는 많은 종류의 기술 발전에서 필수 요소다. 심지어 생명을 구하는 데도 이용될 수 있다. 한 가지 예로 2004년에 미국 매사추세츠 주에 있는 애플 메디컬 사에 근무하던 존 풀포드와 마르코 펠로시는 뢰비우스의 띠를 장착한 복부 수술용 견인기에 관한 특허를 얻었는데, 뢰비우스 고리가 수술 시 견인기를 조정하는 데 필요한 특수한 유형의 회전 동력을 제공하는 역할을 했다.

한편 우리나라의 한복에도 이 뢰비우스의 띠가 숨어 있다. 한복 바지를 만들 때 필요한 옷 조각 중에서 사다리꼴 모양의 큰 사폭과 삼각형 모양의 작은 사폭을 연결할 때 뢰비우스의 띠가 생긴다. 또 한복의 자루와 전대, 매듭에서도 뢰비우스의 띠가 발견된다. 뢰비우스의 띠를 적용하면 다른 형태보다 더 많은 물건을 넣을 수 있기 때문이다.

수학과 예술을 잇는 마법의 고리

뫼비우스의 띠는 예술 작품 속에서도 많이 등장하는데요, 가장 대표적인 예로 오른쪽 그림을 들 수 있습니다. 이 작품은 그림의 마술사라 불리는 네덜란드의 화가 마우리츠 코르넬리스 에셔(Maurits Cornelis Escher)의 〈뫼비우스의 띠 Ⅱ(불개미)〉라는 목판화입니다. 그물 모양으로 만들어진 띠 위에 아홉 마리의 개미들이 맴돌고 있는데, 이 목판화는 무한반복 뫼비우스의 띠를 시각적으로 묘사하고 있어요. 가도 가도 어느덧 원점으로 돌아오고 마는 끝없는 여정, 처음과 끝을 알 수 없는 반복. 이 작품

은 인간의 시각, 지각에 대한 착각, 진실에 대한 이야기를 전하고 있답니다. 어떤 수학자는 이 작품 속에 있는 뫼비우스의 띠가 숫자 8처럼 보이지만 이것을 옆으로 돌리면 무한대 기호가 연상된다고도 했어요. 이처럼 에셔의 작품은 수학의 원리를 독창적인 방식으로 시각화했기 때문에 예술가보다도 수학자나 과학자들에게 더 큰 감동을 주고 있답니다.